BOOKS LIFE

斑马读库

我　思　故　我　在

安顿自己

［日］坂东真理子 — 著

吕 艳 — 译

中国水利水电出版社
www.waterpub.com.cn

·北京·

内 容 提 要

人生，就是不知道什么时候会发生什么。我们最需要做的，就是珍惜当下、安顿自己。在书中，作者围绕十条通往幸福的生活法则，告诉我们如何有效地丰富当下。这是作者对生活的感悟，也是传递给年轻人的幸福哲学。

图书在版编目（ＣＩＰ）数据

安顿自己 ／（日）坂东真理子著 ；吕艳译. -- 北京：中国水利水电出版社，2022.9
ISBN 978-7-5226-0909-6

Ⅰ. ①安… Ⅱ. ①坂… ②吕… Ⅲ. ①成功心理－通俗读物 Ⅳ. ①B848.4-49

中国版本图书馆CIP数据核字(2022)第143792号

SHIAWASENA JINSEI NO TSUKURIKATA——IMA DAKARA DEKIRU KOTO WO
By Marko Bando
Copyright © 2021 Mariko Bando
Simplified Chinese translation copyright © 2022 by Beijing Huazhang Tiancheng Culture Communication Co. Ltd
All rights reserved.
Original Japanese language edition published by SHODENSHA Publishing Co.,Ltd.
Simplified Chinese translation rights arranged with SHODENSHA Publishing Co.,Ltd. through Lanka Creative Partners co., Ltd. (Japan).and Rightol Media Limited.(China).

北京市版权局著作权合同登记号：图字 01-2022-2738

书 名	安顿自己 ANDUN ZIJI	
作 者	〔日〕坂东真理子 著　吕艳 译	
出版发行	中国水利水电出版社 （北京市海淀区玉渊潭南路1号D座　100038） 网址：www.waterpub.com.cn E-mail：sales@mwr.gov.cn 电话：（010）68545888（营销中心）	
经 售	北京科水图书销售有限公司 电话：（010）68545874、63202643 全国各地新华书店和相关出版物销售网点	
排 版	北京水利万物传媒有限公司	
印 刷	天津鑫旭阳印刷有限公司	
规 格	130mm×185mm　32开本　7.75印张　92千字	
版 次	2022年9月第1版　2022年9月第1次印刷	
定 价	49.80元	

人们在日常生活中往往会希望在面对烦恼、迷失、愤怒和苦痛的时候，依然能够"快乐幸福地生活"，而幸福是需要自我创造的。

在当前新冠肺炎疫情常态化的背景下，人们正在以全新的视角审视自己的生活。大家对于家庭、工作、生活方式以及金钱的看法都已经开始产生巨大的变化，很多人都在思考究竟什么是幸福？什么是重要的？什么是需要摒弃的？如何创造幸福？

当今社会，人们最需要的不是某种虚幻的信仰，而是能够引导自己跳出思维的局限并能让自己过上幸福生活的具体行动、生活方式、心态和思维方式。

有了钱和地位，人就一定会快乐吗？美国心理学家亚伯拉罕·马斯洛指出，在实现对安全保障和基本生存的需求之后，人们会追求最高层次的需求——自我实现。但现在许多研究人员表示，与自己达成某一目标相比，人们在他人对自己的行为和行动表达感谢时，更能感觉到幸福。在日常生活中，我们通常都会在感谢他人或得到他人感谢时感受到温暖和幸福。当萌生"自己遭受损失"的想法时，我们便无法快乐地生活。

在本书中，我从各个角度介绍了自己对新冠肺炎疫情的看法与心得体会，围绕"新冠肺炎疫情常态化中是否依然能够保持快乐"这一问题做出了阐述。

我得出的结论是珍惜现在、安顿自己，读者可以详细阅读每一章的内容。但我首先想要提出十条实用建议，这会让各位有效地丰富当下。

第一条 改变现状，从现在开始。开始阅读，哪怕只读一页；开始写作，哪怕只写一行。

第二条 全心投入于自己正在做的事情并且持续 15 分钟。

第三条 不悔过去，不过度忧虑未来。重要的是做好当下力所能及的事情。

第四条 通过"太好了""恭喜你""真为你感到高兴"等方式对好朋友与熟人的成功和幸运表示祝贺。

第五条 当生活面临巨大的悲痛时，通过挚爱之人、工作或兴趣分散自己的注意力。

第六条 铭记并感谢别人对自己的帮助、鼓励和恩惠。

第七条 对亲近的人给予温柔的关切、沟通和问候，笑脸相迎。

第八条 把自己的金钱和时间用于他人身上，哪怕只是一点点。

第九条 具备求助、受助以及施助的能力。

第十条 自己不放弃自己，世界就不会放弃你。珍惜自己，活出自我。

请各位读者想一想自己可以通过怎样的方式来丰富当下。其实，创造充实、幸福生活的秘诀在于现在的不断积累。只有这样，我们才能过上美好的生活。

CHAPTER

3

打败你的不是现实，
是另一个焦虑不安的自己

CHAPTER

4

永远站在你身边的人一定要珍惜

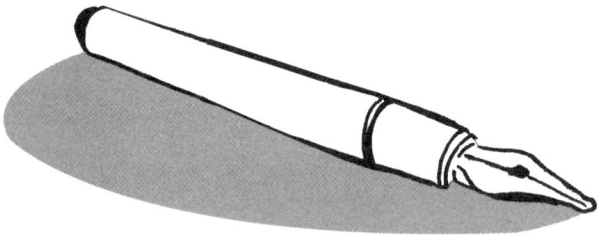

第一章

你现在需要做的，是建立新的生活

改变，请从今天开始

只有现在，只有今天，只有3天，只有这周。持之以恒，如果能够长时间坚持，自然而然就会养成习惯，而习惯将会改变一个人的性格。

JUST FOR TODAY（只为今天）。只在今天，摒弃恶习，这是一种用于摆脱药物中毒与依赖的治疗方法。

这是一个方法论，可以应用到很多领域，例如减肥。其实，我曾在2020年新冠肺炎疫情期间减肥成功，方法十分简单，仅仅是禁食12个小时而已。每当吃过晚饭后，我便不再进食，时间是从晚上8点到次日清晨8点。我规定自己可以在12个小时后进食，而不是1周或3个月这样相对较长的时间。我会奖励自己在禁食12个小时后的次日清晨吃自己最喜欢的葡萄和桃子，通过这种方式，我成功战胜了晚饭后想要进食的诱惑。

学习也是通过每天仅有的15分钟来换取日后成就

的，每天学习3个小时比较困难，但如果是坚持15分钟，无论是谁，今天就可以做到。如果能够坚持一周，便可以养成习惯，自己日后也将自然而然地重复相同的生活轨迹。要养成打扫卫生、做体操等良好的习惯，只要本着JUST FOR TODAY的精神，就一定能够实现。一年365天，即使不能每天尽孝，我们也可以在父母过生日的时候给予温暖的关怀，选择一天有意识地用耐心的口吻与父母展开交谈，与不采取任何行动相比，这些行为足以让父母感到开心。

"记人恩，忘人过"，这就是幸福生活的秘诀。向他人表示"感谢"会让自己感到快乐，但对我和很多人来说总是很难做到这一点。人们往往会回忆起自己曾经听到过的刺耳或令人感到不快的话语，也会铭记那些因遭人捉弄而倍感气愤的事件，这大概是自己的心灵因此受到了伤害吧。相反，那些他人给予自己的善意和帮助却往往会被遗忘，但这种现象通常会因为"人类生来如此"的刻板观念影响而很难得到改变。与其顺其自然，我们倒不如要求自己每天回忆一次善意的行为，例如，晚上睡觉前在床上回忆3分钟或在浴缸里回忆5分钟，通过这种方式来养成自己善于感恩的习惯，我们还可以借助这短暂的时间回忆今天令自己感到开心的经历。这一过程将有效调整我们的情绪，从而获得高质量的睡眠。而这一过程，我们可以参考前面所提到的JUST FOR TODAY来赋予它一个崭新的命名，那便是JUST FOR 5 MINUTES（只为5分钟）。

做好事要趁现在。尽管自己游手好闲又无所事事，但只在今天去做一个好人；尽管无法改变自己的性格，但可以只做一件好事。只有现在，只有今天，只有3天，只有这周。持之以恒，如果能够长时间坚持，自然而然就会养成习惯，而习惯将会改变一个人的性格。

试着去做一件
不断推迟的事

我们不能总是一味地给自己设置障碍，而应该现在就采取具体的行动。例如，开始看一本原本就计划阅读的书籍，哪怕只读一页；开始写一篇原本就计划写的文章，哪怕只写一行。

2020年春天至今，新冠肺炎疫情仍然在全球蔓延，由于新冠肺炎疫情，东京奥运会被推迟，学校毕业典礼和入学仪式也无法如期举办。除此之外，还有很多令人感到悲伤、愤怒和困惑的回忆，例如，无法出国留学，不得不关闭刚刚开业的商店，等等。

事实上，由我担任理事长兼校长的昭和女子大学也曾计划在2020年，即建校100周年之际，举行盛大的庆祝仪式。为了让这场庆祝仪式能够更加精彩地呈现在大家面前，以年轻教职员工为核心，众多工作人员一齐投身创作校庆歌曲与设计、制作纪念标志等准备工作当中。然而，在新冠肺炎疫情常态化的背景下，我们不得不缩小参与者的范围。即便如此，我们还是通过网络在线直播的方式与那些无法参与活动的朋友们分享了这份喜悦。

面对这种情况，有些人会认为自己十分倒霉，并以悲观的心态去看待这一切，悲观的人往往会将不好的事情归咎于厄运，还会继续将不幸视为持久甚至普遍的现象。这些人通常会过于情绪化，他们认为自己时常遭遇不幸，将大量的时间浪费在自己营造出的沮丧情绪当中，否定自己曾经做过的努力。

似乎有很多日本人都抱有悲观的想法，乐观的人少之又少，但我们可以尽可能地训练自己乐观地进行思考，以此来换取良好的情绪，让自己更加接近幸福。

我们怎样才能乐观？世界名著《幸福散论》的作者、哲学家阿兰如此定义乐观：悲观主义是一种心情，乐观主义是一种意志。当我们心情不好时，往往就会悲观。出于对身边人的礼貌，即使尽量保持好心情，也总是难以做到，"有时我甚至想抱怨和批评自己周围的人"。悲观解决不了任何问题，我们应该正视困难，不胆怯，勇于面对，但要保持乐观其实也并非易事。

想要保持乐观，最重要的是缓解新冠肺炎疫情导致人们产生的不良情绪，培养自己不受不良情绪影响的能力，获得战胜负面情绪的力量。

首先，我们要冷静地把握形势，切勿情绪化。"不是自身原因造成现在的困境，只是不可避免地被卷入其中，不仅仅是自己，所有人都是受害者。不是自己或其他人故意携带病毒，也没有进行恶意传播。"在新冠肺炎疫情常态化的背景下，我们需要冷静地看待当前的形势，树立正确观念。此外，不要批判他人不同于自己的行为，不执拗于自己的错误观点，也不责备自己。面对现实，不带个人感情色彩地接受现状，也是一种修行。

其次，想想自己在这种情况下能做什么，不能做什么。如果现在不能做自己认为理所当然的事情，在这种情况下，我们可能会以"什么都做不了"为由而放弃一切。与其全盘否认，我们不如冷静地找出自己现在可以做的事情。例如，我们的居家时间因疫情而延长，所以可以借此机会去做一些以往没有时间做或没有来得及做的事情。哪怕只是一件微不足道的事，我们也应当用积极的心态去面对。

我们不妨在这时打扫一下原本准备在时间充裕时再整理的储物柜和壁橱，阅读几本打算日后再看但现在已经堆积如山的书籍，用心为家人烹制一桌美味的饭菜，开始一直没有付诸行动的语言学习，给久久未能相见的朋友写一封信，等等。

　　说实话，那些让我们不断推迟的事情，往往都是些自己真的不喜欢或不情愿去做的事情。喜欢的事情，即便没有时间，我们也会抽出时间来做。相反，即使我们有时间，也可能不会去做那些自己不喜欢的事情。在这种情况下，我们只要选择自己喜欢且曾经想要尝试的事情就可以了。总之，我们不能总是一味地给自己设置障碍，而应该现在就采取具体的行动。例如，开始看一本原本就计划阅读的书籍，哪怕只读一页；开始写一篇原本就计划写的文章，哪怕只写一行。在完成这些具体的行动后，我们可以轻松地说一声"我完成了！"对自己也是一种鼓励。

　　我们不能只是计划在新冠肺炎疫情结束后去做些什么，这种空想是没有任何意义的。不管多么微不足道的事，从现在开始，做我们能做的事，行动才是改变现状的开始。

现在开始，
做自己能做的事

任何人都应该秉承"现在开始，做自己能做的事"的原则，这个用来应对当下特殊社会背景的原则，不仅适用于学生，也适用于各个年龄阶段与各种不同立场的人。

由于疫情防控的原因，我原计划进行的讲座和会议相继取消，或借由互联网在线上举行，这大幅减少了人员相互见面并交谈的机会。不仅仅是我，很多人都受到了疫情的影响，正在备战东京奥运会和残奥会的运动员和官员不得不再次调整自己的身体状况和赛程。2020年，日本高中棒球锦标赛（甲子园）停办，损失超过672亿日元。

　　按疫情防控要求，众多机构都取消或延期了音乐会、话剧、歌剧、音乐剧等演出，演奏和表演人员的收入随之化为泡影。此外，我们还经常听到刚刚出道的年轻人没有展现自己的机会，而年纪大的舞台演员也以此为契机决定停止演艺活动这些消息，甚至在附近经营多年的餐厅也不得不面临关门停业的困境。

在昭和女子大学，入学典礼和毕业典礼都是在人见纪念讲堂举行并进行线上转播的。自2020年4月24日起，所有课程都切换为线上授课的方式，新生至此还从未踏入过校园。即使在5月份解除紧急状态后，为防止大学校园内出现大规模聚集，在暑假之前，昭和女子大学都一直实行线上授课。针对这一特殊情况，我曾在线上授课期间向学生发出如下呼吁。

1. 有关日常活动的呼吁

保持社交距离可以保护自己和他人，身体素质是免疫力的基础。

每天做30分钟以上的运动，例如，散步、瑜伽、伸展运动、哑铃运动等。此外，还要保持规律生活、均衡饮食和良好睡眠。

2. 有关"现在可以做的事情"的呼吁

比平时花更多的时间尝试烹饪一道新菜、打扫卫生、收拾衣物、整理过季服装、改变房间陈设、清理房间等。

·花更多的时间和家人在一起。

·尝试学习并使用新的应用程序。

·开始阅读书单里的书籍。

·无论是 15 分钟，还是 30 分钟，每天拿出时间来进行原本就计划实施的语言类学习。

·回顾迄今为止的学习状况，现在就是对不理解的知识进行查缺补漏的机会。

·向原本就希望尝试却又十分耗时的兴趣发起挑战。

·向朋友或许久未见的人发送电子邮件或明信片。

这些呼吁是我在疫情情况不明的时候提出的，所以现在看来还是存在一定的不足。另外，我并未专门针对大学生这一群体提出"为了深化教育而进行阅读"与"为了深入培养思维能力而展开益智类活动"等呼吁，因此，大家可能会认为我之前的呼吁"水平偏低"。但实际上，这只是面向那些还没有准备好开始知识类活动的年轻新生提出的号召，以此来呼吁他们做好充分的思想准备并采取实际有效的行动。

任何人都应该秉承"现在开始，做自己能做的事"的原则，这个用来应对当下特殊社会背景的原则，不仅适用于学生，也适用于各个年龄阶段与各种不同立场的人。

自从2020年4月份发出上述呼吁以来，似乎又相继出现了第二波和第三波感染人数增加的态势，日本国内随即发布了第二次紧急事态宣言，但日本社会新冠肺炎常态化的新生活模式已逐渐在民众的日常生活中生根发芽。由于疫情，大家都失去了很多东西，但同时我们也发现了很多东西，还有一些不同以往的新兴事物逐渐出现在我们的日常生活中。

其中之一便是使用在线会议系统和远程办公的迅速普及，当然也包括在线教育。

在此之前，许多企业都只是部分员工有过居家远程办公的体验，直到疫情暴发，这种工作模式才逐渐被更多的企业使用，以减少人与人之间不必要的接触。当然，每个行业都有自己的特性，有些工作只能面对面完成。即便企业模式有规模大小之分，雇佣形式也有管理岗位、派遣员工、合同工等工种上的差异，但居家远程办公这一时代产物似乎瞬间就得到了普及。

专注做自己的事，
时间会给你答案

如果已经决定采取行动，就不要犹豫，请专注于它，并且最大限度地发挥自己的力量。一旦采取行动，就不要迷失或分心，我们只需努力专注去做自己的事情，时间会给我们答案。

最近的爆红人物林修老师 **❶** 有这样一句令人耳熟能详的口头禅——"什么时候做呢，当然是现在了"——这是为正在备战高考的学生打气，促其奋发的最佳号召。在日本，考取的大学会对今后的人生产生巨大的影响，所以在当今的日本，这句话对高考备考生来说可谓是极其正确的忠告。

无论是高考、研究生考试、资格考试，还是学习计算机或某一语种，如果我们只是一味地将学习推迟至今后的某一天再开始，"那一天"便永远不会到来。

---

❶　日本补习名师。

这其中不乏有人想在自己有更多空闲时间或孩子长大后再开始学习，可实际上，那些人总会为自己不立即付诸行动的拖延行为找到借口。即使环境不十分完美，但最重要的是立即开始学习这一行动。"公司可能会提供补贴""公司可能会通过派遣的方式安排自己去学习"，这些"可能"都存在极大的不确定性。任何人都不知道这些所谓的"可能"是否真的能够实现，因此，现在就是最好的时机。

如果已经决定采取行动，就不要犹豫，请专注于它，并且最大限度地发挥自己的力量。一旦采取行动，就不要迷失或分心，我们只需努力专注去做自己的事情，时间会给我们答案。

在40～60岁的人当中，越来越多的人会把"老了"作为自己不采取行动的借口。那些口口声声说自己只要再年轻一点，就可以毫无顾忌地尝试新事物，并且埋怨现在为时已晚的人，即便在5年后，也还是会说出相同的话。

我在生完孩子后就去美国留学了，当时我已经33岁，在总理府工作。因为留学，我听到过太多的忠告与建议，例如，"即使你现在出国留学，也不能像年轻人那样学好英语了""你一个公务员，即使上了大学，也做不了什么像样的研究了""留学对你未来的职业生涯来说只是一个减分项""你不应该过分勉强自己去留学"，等等。我不否认，客观上确实如此。但即便如此，我还是在留学生涯中遇到了自己能够相伴终生的朋友，从公务员的岗位上退休后，我因机缘巧合而加入了昭和波士顿校园，在美国留学的经验对我之后的生活起到了至关重要的作用。直到现在，我都很庆幸自己当时做出了正确的选择。

许多年前，我有一位年过50岁的朋友，因为有可能需要照顾即将步入80岁的父母，她拒绝了一份新工作的邀请。但是她的妈妈在接下来的15年里都很健康，直到90岁之后才真正开始需要儿女长期照料。如果我们以现实中暂未发生的未来为借口，选择不在"现在"立即采取行动，便会错失各种机会。与其担心对现在来说充满不确定性的未来，不如抱着"毫无根据的乐观主义"行事，在面对问题时，只有力所能及地应对，才能丰富我们的人生。

很多人因为对新冠肺炎感到恐惧而足不出户，因为害怕感染新冠肺炎病毒而拒绝与朋友相见，这种过度克制、约束自身行为的人在当今社会比比皆是。但实际上，如果我们能够在日常生活中收集信息，做好预防措施，严格遵守相关注意事项，便足以防患于未然。对于那些主张"如果没有新冠肺炎疫情，就会开始某项行动"的人来说，疫情只不过是他们为自己找的借口。

　　对于我们来说,现在最重要的是合理利用时间,找到自己可以做的或最适合在当今社会背景下进行的活动,并且毫不犹豫地行动起来。

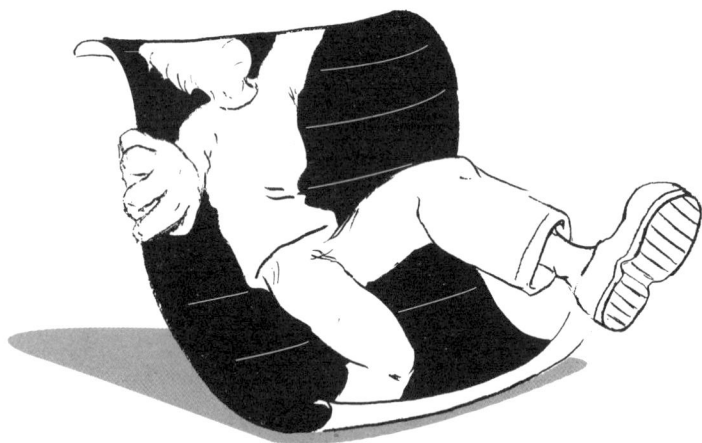

第二章

每一次危机，都是成长的契机

每一次危机，
都隐藏着机会

如果只是一味地抱怨并将"疫情期间别无选择"作为行动的前提，便无法有效地利用这场危机。

新冠肺炎疫情期间，我经常会联想到英国首相温斯顿·丘吉尔的一句名言：NEVER WASTE A GOOD CRISIS（不要浪费一场危机）。每一次危机，都是一次压力测试，都隐藏着机会。我是从麦当劳日本控股公司原首席执行官莎拉·卡萨诺瓦那里听到这句话的。

　　麦当劳因2014年的问题鸡肉与次年的异物风波等一系列丑闻，经营业绩出现大幅下滑，一度遭遇经营危机。面对危机，卡萨诺瓦选择了改革，她不断地对店铺进行升级改造，将室内改变为相对更加稳重的装修风格，同时通过采用新鲜蔬菜烹制的套餐来丰富顾客的可选购品种，这些全新研发的菜单备受那些注重健康的母亲们喜爱。

在高层管理人员不断为经营付出努力的同时，卡萨诺瓦向因此而抱有阴郁情绪的自己和员工发出了"NEVER WASTE A GOOD CRISIS"的呼吁，激励员工将这场危机作为一次前所未有的机会，对已知但未曾触及的问题做出改革。即使身处危机，卡萨诺瓦依然提高了员工待遇，促使员工提升服务水平，快速恢复业绩。

她说，之所以能够改革成功，要完全归功于这场经营危机。

任何组织在取得成功或保持稳定时，都会出现许多抵制改革的人。无论任何事情，人们往往都会在进展顺利之时怀有"只要保持原状便可收获未来"的观念，这是正常的。改变需要能量，但是如果每个人都在面临危机时怀有危机感，那么他们将别无选择，只能致力于改革，当然，这其中也包括保守派。这些在面临危机时所采取的行动，能够让我们有能力在新的环境中生存下去。

品川女子学院的创始人是院长漆紫穗子女士的曾祖母，这所学校曾因为学生数量不达标而面临生存危机，在危机降临之时，漆紫穗子作为副校长，成功地对学校进行了重建。

似乎学校里的所有人都意识到了"若任其发展，学校将惨遭关闭"的现状，因此，工作人员之间展开了合作，最终让学校成功地度过了这场危机。

当时，品川女子学院相继启动了多个新的教学项目，例如，让校内女生围绕"希望自己在28岁时成为何种女性"的主题展开思考，并为达成这一目标而制定计划，与高中生分享创业经验等，学生及其父母无一不被这些富有特色的教学项目吸引。怀着"学校坚不可摧"的热情，在众多老教师的配合下，漆紫穗子的全面深化改革取得了重大成功。

梦想就是目标，国家亦是如此。可以说，这一次疫情的发展完全出乎大家意料，但所有国家都在艰难的处境中挣扎，并且不断探索着如何从这场灾难中复苏。

通过这次疫情，我意识到了大城市密集生活的弊端。如果信息基础设施被进一步加强而且能够自由使用，许多人都可以选择生活在农村地区，通过居家办公的方式与东京联动工作。如果年轻人居住在农村，多年都未得到实现的"乡村振兴战略"可能就会成为现实，孩子们也可以在农村出生和长大了。

疫情下，企业和国家都在"如何利用这场危机"的问题下承受着巨大的压力，对于个人和组织来说，也是这样。

每个人都知道大学课程可以通过线上授课的模式展开教学，在美国，一些大学似乎只会通过网上授课的模式进行教学。但在日本，人们普遍只认为大学生应该来到校园，在课堂上听老师讲课。

然而在新冠肺炎疫情期间，所有大学都不得不通过网络授课的模式进行教学，经过培训后的教师们也都在工作人员的支持下开始了在线授课。

远程的教学体验并不仅限于"勇于尝试后获取成功"，一些教职员工也会因为这种教学模式所特有的优势而感到高兴，例如，可以使用互联网的各种功能进行小组讨论，可以分别接收每位同学提出的问题，等等。如果只是一味地抱怨并将"疫情期间别无选择"作为行动的前提，便无法有效地利用这场危机。

也许有的老师因为无法掌握在线授课的技能而退休或是减少了课程数量，但是，很多有抱负的老师都尽其所能地去适应了这一社会形势（时隔一年多，我也开始意识到虽然很多教学工作均可在线上完成，但有些时候，还是必须要通过面对面授课的方式进行知识传授）。

很多企业在经营的过程中也都面临着同样的问题，有员工表示，通过线上的模式居家远程办公时，省去了每天上下班花在路上的时间，从而能够有精力开始在研究生院深造（当然，同样是通过线上的模式展开），相比之前，时间得到了更加有效的利用。另一方面，部分员工会以居家办公让自己无法集中注意力、无法面对面接受上司的工作指派、因身边没有同事而无法立即获取帮助、无法掌握公司整体动向等为由，坚定地认为居家办公会导致工作效率下降。如果线上办公不可避免，我希望每个人都能够想办法扩展自己的技能，探究如何能够更加有效地利用居家办公，而不仅仅是单纯地逃避。

不能拘泥于过去，
更不能设限于未来

时代发展太快了，只有打破常规，敢于尝试，才不会被时代淘汰。因此，我们不能拘泥于过去，更不能设限于未来，这意味着过去的成功经验也许并不适用于今后的任何时代。

人们常说，从现在开始，我们即将步入VUCA时代，VUCA是由Volatility（易变性）、Uncertainty（不确定性）、Complexity（复杂性）以及Ambiguity（模糊性）的首字母组成的缩写词。我们大可将VUCA时代理解为难以捉摸的时代，也就是我们常说的"前途莫测"的世界。

2020年年初，没有人预料到新冠肺炎会是一场影响如此巨大的大流行病，可意想不到的情况发生了。

在不可预知的紧急情况下，我们应该怎么办？起初，许多企业和大学都曾因为从未经历过的新冠肺炎疫情而感到惊讶和困惑。各种会议和活动取消，突然引入视频会议和远程办公模式，大学和高中相继取消毕业典礼与入学仪式，许多大学采取在线授课的模式开展教学，学生无法进入校园，这一系列的突发状况可谓闻所未闻，更不敢奢求有先例可用作参考。

今后，必然还将出现以往常识不适用或因为人类深陷常识旋涡而在面对现实问题时无能为力的情况。过去的"常识"认为，如果我们像以往一样努力，就能够成功达成原本完不成的目标，而这一"常识"在当今社会显然是不适用的。

发生紧急情况时，我们究竟该怎么办？

"以前是这样做的，所以，只要按照同样的方式做出处理，问题便一定能够得到解决"，这样的想法是行不通的。除了以前的处理方式之外，我们还能做些什么吗？我们必须考虑自己是否已经丧失一切或是否还有可用资源。可有时即使我们仔细思索，也依然无法获得正确答案。这时，就需要我们先行尝试，如果行不通，就更换别的方法，不断重复同样的工作，直到找到那个行之有效的方法。

时代发展太快了，只有打破常规，敢于尝试，才不会被时代淘汰。因此，我们不能拘泥于过去，更不能设限于未来，这意味着过去的成功经验也许并不适用于今后的任何时代。过去的成功经验在新形势下往往毫无用处，例如，通过暂停新项目投资与资产出售的方式成功度过了五年前的经营危机，通过降低劳动力成本的方式在经济衰退的大环境中幸存，等等，这些方法可能并不适用于当今社会，任何新事物可能都需要前所未有的新型处理方式予以应对，从过去的成功经验中获得的常识并不是在任何状况下都适用的。

在日本，从20世纪80年代到90年代初，短期大学曾风靡一时。父母们往往会将男孩送往四年制大学就读，但即便女孩颇为优秀且成绩优异，也不如前往短期大学就读更有利于就业。他们认为，女孩就应该在毕业后找一家不错的企业就职几年，之后再辞职投身于婚姻家庭，建立一个温馨的家庭才是女性的幸福所在。但是，自20世纪90年代中期以来，短期大学的入学率急速下降，而女子四年制大学的入学率反而有所上升。越来越多的女孩想要进行更加专业的学习，而不是泛泛了解而已。当时，女性步入社会工作的大环境尚未真正形成，但她们已经越来越渴望获得一份不受男性歧视的工作了。为了满足这一需求，大学不得不进行新的改革，并且关闭了短期大学。

上一节中提到的"GOOD CRISIS"其实就意味着一个时代的结束和另一个时代的开启。在危机中，我们需要回顾过去的常识、方法和习俗，在适当摒弃过去的前提下获得重生。

　　谁也不知道未来会发生什么，大好局面也许不会永远持续下去，遇到危机时，我们能有多大的能力让自己大刀阔斧地走下去呢？精彩的人生，往往都是逼出来的，只有每个人都怀有危机感，逼自己一把，才能获得重生，让生命更加绚烂。生命里那些难以迈过去的坎儿，都是我们在未来成长蜕变的养分。

即便身处优越的环境，也要有能出圈的能力

大环境的改变会对人的成功与失败产生巨大影响，太舒适的环境往往蕴含着危险，所以即便身在优越的环境中也要随时保持警惕，具备能逃出圈的能力。

当身处传统常识行不通的危机中时，我们不可避免地要抛弃过去的常识，拼命寻找新的应对方式。这是一场"GOOD CRISIS"，但如果没有这场危机，我们必然是非常保守的。

就私企而言，社会变化往往会反映在经营业绩上。不能应对变化的企业可能会被淘汰、破产或遭到兼并，员工也可能会因此而被调岗或降薪，甚至失业，而长期存在的企业，往往都克服了种种困难。公务员已经70多年没有经历过这样的危机了，因此，他们才非常保守。

第二次世界大战结束之后，日本在传统常识不适用的情况下开展了各种改革，宪法和以此为基础的法律也发生了重大变化。然而，在之后的30年，甚至75年的时间内，社会一直基本保持稳定。其间，除很短的一段时间之外，保守势力一直屹立不倒。由于职场有稳定的政府背景做支持，因此，这种不以变革为导向的职场文化已经深深地扎根在公务员的生活当中了。此外，法律也对公务员的工作做出了明文规定，明确了他们的工作范围。就日本中央部委和机构而言，公务员的职责是通过制定或修改法律的方式来做出改革，从而使日本在国际关系和经济结构变化中得以生存，但许多执行机构、地方机构、地方政府等反而是根据既定的法律、政府法令、规则和条例等开展工作的。

在众多公务员中，我自己是属于改革型的，我通常会以创新性工作为荣，但外界对于我的认识依然止步于"官僚作风""前公务员"等这类更倾向于保守的评价，而公务员这一群体最近也越来越受到政治家和公众的关注。

危机正在公务员群体中悄悄蔓延，但这一现象并没有得到大家的广泛关注，这就是所谓的"温水煮青蛙"。大环境的改变会对人的成功与失败产生巨大的影响，太舒适的环境往往蕴含着危险，所以即便身在优越的环境中也要随时保持警惕，具备能逃出圈的能力。所以，尽管我们所处的环境非常舒服、安逸，也要记得居安思危。

这时，"GOOD CRISIS"便是"温水青蛙"跳出人生"井口"的最佳时机。

打败你的不是现实，
是另一个焦虑不安的自己

充分利用时间，就是专注做自己喜欢的事

充分利用时间的最佳方式是全身心地投入到自己喜欢的工作当中，这种积极投入的状态会让我们感受到极大的乐趣，从而忘记时间的流逝。

2020年4月，日本国内发布紧急状态宣言，学校停课、暂停职场通勤、图书馆与博物馆关闭、禁止旅行、全民居家的号召让很多人因为不知如何消磨时间而感到迷茫。

正如我在第一章中介绍的那样，我曾号召学生们将不能外出、无课程安排、无法与朋友见面的时间当作"实现自己愿望的机会"。我以前也曾考虑在自己有时间时整理一下久未清理的衣柜，但一直没有真正付诸行动。因为我不喜欢整理房间，所以，即使自己有时间，也不想去做，一有时间，我便会找到各种借口，无限地拖延着。

　　然而，我非常乐意从事书籍撰写与烹饪的工作，并且能够切实地付诸实践。毕竟做自己喜欢的事情将充满乐趣，还可以使自己感到充实，但每当做自己不喜欢的事情时，总是会让我们感到沮丧。充分利用时间的最佳方式是全身心地投入到自己喜欢的工作当中，这种积极投入的状态会让我们感受到极大的乐趣，从而忘记时间的流逝。

　　在积极心理学中，有一个概念叫FLOW，俗称心流❶，是由心理学家米哈里·契克森米哈赖提出的。日本小说家芥川龙之介在《戏作三昧》❷中描绘了马琴泷泽沉浸在戏剧（写作）中忘记自我与时间流逝的状态，但这可能是芥川龙之介自己的经历。虽说我不是什么大

---

❶　一种将个体注意力完全投注在某种活动上的感觉，与此同时会产生高度的兴奋及充实感。

❷　1917年10月20日至11月4日在《大阪每日新闻》连载的短篇小说。

作家，但我用两三个小时全神贯注于手稿写作的情况也并不少见，或许研究学者与艺术家往往都会在潜心研究和创作时忘记时间的流逝。据说，对于作曲家来说，旋律是"从天而降"的，欧洲著名古典主义作曲家莫扎特的作品大概就是这样创作出来的吧。

当进入心流状态时，我们必然将度过一段充实而快乐的时光，忘记时间与疲倦，让自己沉浸其中。

如何进入心流状态？至少，我们在做自己不喜欢、不想做、不能做的事情时，是无法进入心流状态的。不擅长打扫的我往往会在做家务的时候感觉时间过得很慢，但时钟却显示刚刚过去15～20分钟。

基本上，人类在从事自己喜欢或难度略高于自身能力所能达成的工作时，往往更容易进入心流状态。如果太难，我们会因为厌烦而放弃；如果太容易，又会闲得无聊。那种处于上述两种程度之间，虽然略有难度，但只要努力就能够达成的目标才是最适合的。当然，也有可能会出现课题内容不同以往、报酬可观、达成目标方可获得赞美等可以对自己起到激励作用的因素。任何人都不会在完成一项上司部署的任务或因义务而不得不完成的工作时进入心流状态。因此，要进入心流状态，首先必须树立一个我们愿意为之努力奋斗的目标。

好的成长是做自己最应该做的事

假设我们不做自己不喜欢的工作，只做自己想做的、喜欢的和擅长的事情，那我们就会失去成长的机会，且无法收获令人愉悦的结果。

纵然心流状态可使人心潮澎湃，但也不能时时沉浸其中。

　　生活中，每个人都有很多工作要做，每个天才或伟人都会被自己必须做的事所支配，因此而无暇做自己真正想做的事。我自己每天也十分忙碌，清晨起床后，整理衣装、吃早餐、上班、参加商务会议、处理文件与电子邮件、准备讲座和会议、与人会面……大部分时间都花在了日常工作上，即便是家庭主妇，也必须要一个接一个地完成各种日常家务。过上幸福生活的秘诀之一就是我们在做自己必须做的事情时找到乐趣，即使它不具备特殊性，也没有心流状态带给我们的那种振奋的感觉。我们应该从中寻找另一种乐趣，而不是因为它是"杂务琐事"而消极对待。例如，我们可以从冲泡的美味咖啡、上班路上盛开的鲜花以及他人对自己的无私帮助中发现快乐。这样一来，在不知不觉中，我们每天的工作负担也会减轻很多。

当我在任职公务员并兼职写作期间，可以专注于写作的时间只有星期六、星期日以及平时工作日的晚上，每周也不过只有6~8个小时而已，每天我都在想"那些有充足时间用于写书或论文的人真是令人羡慕"。但是，当我从公务员转变为大学教职工的角色后，我便有了更多可以自由支配的时间，可这并不意味着我突然就可以进行长时间的写作了，毕竟每天都有必须由我来处理的工作。最重要的是如果我没有树立"非常想写某一主题"的目标，即使有时间，我也无法专注于自己的写作。当我还是公务员的时候，可用于自身爱好的时间极其有限，但正因为时间上受到了限制，才可以让我集中精力，并且很容易在写作时进入心流状态。我有一个习惯，就是在没有期限限制的情况下，就无法顺利完成工作。当有人告诉我"请您随意安排时间，不必急于完成"时，隐藏在我身体内的"发动机"便不会启动，我自己也会感到奇怪，并且不停吐槽自己天生就是"贱骨头"。

在养育孩子的路上，每个妈妈都是超人，很多自己打工养孩子的职场妈妈就是因为心中树立了"自己绝对不能加班"的旗帜，所以才能够专心工作，而这面旗帜恰恰能够激励她们一定要在规定的时间内完成工作。在大学当中，身处要职和投身学生教育的老师们同时也在努力开展研究工作，时间限制赋予的压力可能反而会增强他们的专注力。

对于自己不喜欢的工作，我们是应该坚持努力适应，还是放弃？假设我们不做自己不喜欢的工作，只做自己想做的、喜欢的和擅长的事情，那我们就会失去成长的机会，并且无法收获令人愉悦的结果。我们可能会通过自己从事的工作邂逅新的生活方式，即使这是我们缺乏经验的领域，也必须负责到底。如果我们擅自固定自己的人设，便会让自己失去接触新鲜事物的机会，陷入"缩小再生产"的状态，自己的可涉及领域也将进一步缩小。当我还是公务员时，平均每两年会有一次人事变动，通过岗位调动，我会有机会去接触一些新的工作。老实说，我刚刚调到妇女事务办公室负责妇女政策的时候，其实是很不情愿的，但不得不承认，在那里遇到的工作课题恰恰就是我现在的生活中所面临的问题。

人生最好的状态是
活在当下

与其将时间用于担心过去或未来，倒不如尽己所能地去做自己正在做的事情、发掘现在的优势并对当下表示感谢。

有一种说法叫"热切地活在当下"，这是一种思维方式，与我在第一章中提到的"做现在能做的事"有异曲同工之妙。

我认为这在日常生活中是一个非常重要的真理。纵然我们对过去感到遗憾或后悔，也无法改变，无论我们怎样担忧，未来也还是会如期而至。就像疫情这样突如其来的意外状况，每个人都应该能够深切地感受到这一点。与其将时间用于担心过去或未来，倒不如尽己所能地去做自己正在做的事情、发掘现在的优势并对当下表示感谢。

只有当下是不可替代、无法复制的，因此，重要

的是将自己的注意力集中于"当下瞬间",学会珍惜当
下。每个人都生活在当下的这一刻,但也许我们真正的
关注点并不在这里,或者说我们绝大多数时间都没有对
当下的状况给予最大程度的关注,这便是"走神"的状
态。例如,我们往往会在倾听他人说话的同时思考其他
事情,做饭或打扫卫生时回忆他人昨日发表过的言论,
对自己的行动或未来的生活感到担忧,从而导致无法将
注意力集中在当下。我们经常都会这样,没有真正专注
于自己平日的生活与工作。看到那些在课堂上一边听课
一边思考其他事情的学生与工作中机械地处理报告和文
件的文员,我们很容易就会做出"正是因为他们没有全
身心投入、注意力不集中,所以才会导致效率低下"这
样的评论,但我们自己往往也会不专注于当下,而是将
注意力过度集中在过去,甚至未来。

即使我们担心过去或未来,也同样无济于事。与其

因为这种担心而导致自己产生焦虑或懊恼的情绪，倒不如活在当下。"不念过去，不畏将来"，这才是一个人最明智的活法。

用冥想消除
未知带来的焦虑情绪

反复的正念训练会让我们的内心趋于平静，铲平对过去的愤恨与焦躁，消除由未知的将来带来的焦虑情绪，从而专注于当下。

尽管不断有人倡导"无论如何，请珍惜当下"，也依然有很多人做不到，而针对这一情况展开的训练便是正念训练，正念训练可以改变大脑结构，提高人类的注意力和执行功能。

　　例如，正念饮食中有一项训练，是在没有其他任何杂念的情况下专注地吃一颗葡萄。训练者应尽量多花些时间，用舌头慢慢地品尝葡萄表皮、果肉质地和甜度，专注于食用的过程。在日常用餐中，与其说是为了专注于食物本身的味道，倒不如说我们只是将用餐当作了一种享受人与人之间相互交谈乐趣的机会。人们往往会将家庭聚会与社交放在优先位置，而不会真正地专注于用餐本身，但正念饮食所倡导的却是专注于餐食本身，安静地度过用餐时光。在用餐的过程中，我们可以感受每一种食材的味道、香气以及质地，沉浸于用餐的快乐当中。同时，还要向能够对饮食起到保障作用的，从事烹饪、庄稼种植和捕鱼工作的人表达感恩之情。即便只是一杯茶水，我们也要专注于喝茶的那一刻，仔细品尝茶水的香气与口感，并且通过味觉唤醒得到愉悦的体验。

在人们当下的生活方式中，除了餐饮之外，还有通过专注于某项特定活动的方式让人们进入正念状态的训练，例如，走路、阅读等。

其中，比较常见的是端坐并专注于呼吸的冥想法。冥想需要体验者在放松身体与眼睛半睁的状态下，通过吸气与呼气的方式专注于自己的呼吸，待心绪稳定之后，客观地读取自己正在思考的内容，不受特定思想的束缚。在这期间，体验者有可能因为无法沉浸于自己的内心而思绪万千，但务必注意切忌强行中断冥想，要尽可能地专注于自然呼吸。

反复的正念训练会让我们的内心趋于平静，消除对过去的愤恨与焦躁，消除由未知的将来带来的焦虑情绪，从而专注于当下。

专注于现在才是获得
幸福的捷径

为了摆脱"走神"的困境，我们需要有意识地专注于自己眼前的工作、现在正在做的事情以及正在与他人交谈的内容，专注于现在才是通往幸福之路的捷径。

正念是指意识专注于当下状态，不带有过多的情绪反应或判断，而走神却恰恰相反。这种状态类似我们常说的心不在焉，明明有事可做，可实际却还在考虑其他事情。

即使老师在课堂上激情地讲课，有的学生也会一边听讲一边回忆朋友之前说过的话，甚至还会考虑当天的午餐吃什么。即使在开会，也会有人不专心讨论，而只是将会议内容当作耳边风。除此之外，有的人明明正在写报告，却还会关心电视节目的内容或不断回忆自己必须要做的一些事情，总之就是无法集中注意力。

日常生活中有很多这样的情况发生，尤其是家庭主妇，她们要做的工作十分繁杂，而且很多情况下不得不同时进行。例如，一边操作洗衣机一边做饭，一边与孩子交谈 边不停地进行打扫，一边带孩子玩耍一边和同为妈妈的朋友聊天，这种场景在生活中十分常见。

有一种理论认为，女性大脑的特点是可以同时执行多项任务。我本人也曾兼顾公务员与育儿母亲的角色，同时兼顾多项任务的场景在家庭生活中也很常见，例如，我会一边看新闻一边做清洗类家务，也会一边看报纸一边炖汤，甚至还会在此基础上检查孩子上学需要携带的物品，这种双重或多重任务叠加的情况总会十分自然地出现在我的生活当中。

而且我自己也会认为这样的生活"更具效率"，并且发自内心地夸赞自己善于利用时间，我甚至还会认为只有时间上享有自由的人才能专注于一件事。

然而，这种与正念完全相悖、因各种行为同时进行而产生的忙碌状态，远不止"忙"字所表达出的"心亡"这么简单，而且它似乎还很低效。我也有很多这方面的经验，例如，往浴缸中放水时因忙于其他事情而导致水溢出，炖菜时因其他事情分散注意力而导致煳锅等。这些情况发生后，需要我们额外付出时间来处理，同时还会因此而让自己陷入自我厌恶的情绪中，由此便足以看出兼顾多项任务往往没有效率，也无法获得自己所期望的效果。

一边做其他工作一边写报告的情况在我们的生活中并不少见，不可否认，在这种情况下，只会延长报告的写作时间，而完成满意度也不会很高。遗憾的是，如果只是一味地追求多重任务叠加为我们带来的高效生活，我们与孩子以及家人的沟通质量便会降低，从而无法构筑用心沟通且充满关怀的家庭关系。当这种情况发生时，任何人都不会感到高兴，也无法感受到幸福。

　　哈佛大学社会心理学家马修·基林斯沃思和丹尼尔·吉尔伯特在2010年发表过有关走神的实验结果。实验期间，实验参与者曾被要求使用手机应用程序实时报告自己的日常活动和情绪状态。实验结果显示，他们在46.9%的样本中观察到了走神状态。当不专注于当下时，很多人的意识就会转向过去或未来，并且因为回忆过去或担心未来而深陷焦虑之中。在实验参与者保持清醒的状态下，走神的时间不足一半，但与其他时间相比，走神状态下的实验参与者并不快乐，最重要的是这种走神的状态反而会让人产生沮丧的情绪。无论是过去还是未来，人们往往都会围绕那些无法改变的事情展开妄想，并且因此而倍感懊恼与疲倦。

　　正所谓"不于其中起妄想，自是此处多吉祥"，我们不能通过回忆或懊恼改变过去，茫然地预测未来也不具有任何意义。

例如，即便我们每天都因为害怕感染新冠肺炎病毒而提心吊胆，也无济于事。当然，就算平日已经做足防护工作，我们也要做好被感染的准备，同时，还要事先围绕住院治疗程序、向工作单位报备以及是否隔离等问题进行斟酌与考量（最好通过书面的方式予以落实）。如果我们在不考虑细节的情况下就制订了计划，一定要试图忘记，不因毫无意义的事情深陷纠结才是这种情况下最正确的反应。

走神会让我们想起过去的失败、痛苦和怨恨，因此才会使人感到沮丧。有些人可能认为，回忆过去的幸福、善意和关怀会让自己感到快乐，但是这种愉快的情绪只有在自我意识的驱使下才能够得到实现。当处于心不在焉、放任自然的状态时，我们只会想起那些曾在自己心中留下伤疤的回忆，而那些回忆往往都是些自己不喜欢或让人倍感痛苦的经历。为了摆脱走神的困境，我们需要有意识地专注于自己眼前的工作、现在正在做的事情以及正在与他人交谈的内容，专注于现在才是通往幸福之路的捷径。

保持专注，
能让我们更快乐

当我们保持专注时，往往不会感到疲倦，即使在完成任务之后，也会有一种神清气爽的感觉。实际上，当我们分散注意力并思考其他事情，而不是专注于自己眼前的工作时，我们的大脑会更加疲劳。

我之前曾提到过，因分心走神而无法集中注意力的状态会令人感到沮丧。

许多人认为，专注于工作并且全力以赴会令人感到疲倦，但其实这是一种错误的观念。当保持专注时，我们往往不会感到疲倦，即使在完成任务之后，也会有一种神清气爽的感觉。实际上，当我们分散注意力并思考其他事情，而不是专注于自己眼前的工作时，我们的大脑会更加疲劳。

走神时，大脑处于怎样的状态？例如，我们心不在焉地看着自己的智能手机，各种信息跃入眼帘，内心反而无法感受到充实。这时，即使并未有意识地正常工作，大脑也会逐一对信息做出反应，并且消耗我们自身的能量，通过这种方式，让自己一直保持活跃状态。虽然我们"身在曹营心在汉"，可持续处于工作状态的大脑却依然需要巨大的能量予以支撑。不可思议的是，和有意识地展开工作相比，每当我们处于心不在焉的状态时，大脑似乎需要消耗更多的能量。即使我们心不在焉，也依然会消耗大量的能量，这会让我们的大脑感到疲倦，我们也会因此而倍感疲劳。遗憾的是，当今社会的大环境中，充满了会导致我们走神的因素。智能手机便是其中最具代表性的一个，但除此之外，如果我们的生活一直被电视或网络所充斥，也会导致我们的大脑长时间处于走神状态。

另一方面，如果我们全身心地专注于运动，尽管肌肉会感到疲倦，但大脑却不会因为需要思考各种问题而感到疲劳，这样我们自然会产生一种神清气爽的感觉。

令人不快的是，我们总是会想起过去那些令人遗憾的错误或悲伤的经历，并因此感到痛苦，我们还会反复回忆并有意识地陷入沉思，这只会让大脑愈发感到疲倦。这种反刍式思考❶在抑郁症患者中十分常见。很多抑郁症患者都身心俱疲，处于没有任何行动欲望的状态中。为了缓解压力，让自己有充足的时间脱离智能手机、电脑和电视是十分重要的。正念训练将会阻止这些外界事物的干扰，让我们专注于自己当下的状态，避免过多地占用大脑资源，从而缓解压力。

专注于工作也能有效地缓解压力，在我们保持专注时，即使不处于心流状态，也依然不会有疲惫感。

与那些容易让自己心不在焉或感到不愉快的工作相

---

❶ 经历了负性事件后，个体对事件、自身消极情绪状态及其可能产生的原因和后果进行反复、被动的思考。

比，做自己必须倾注足够专注力的工作与持有正念具有
同等的效果。用心烹饪一顿料理，用心书写一封信件，
用心打扫一次卫生将比懒散的工作状态更易让自己获得
快乐，也不会感到疲惫。

第四章

永远站在你身边的人一定要珍惜

家人能陪我们走过很长很长的路

对于大多数人来说，身边的家人与朋友才是最重要的人。父母、孩子、兄弟姐妹等，都是伴随我们走过漫长人生且无法替代的同行者。

对于你来说，谁是最重要的人？年轻人可能会将恋人、男朋友或女朋友视作自己最重要的人，也可能是自己喜爱的运动员、演员或自己支持的评论家。然而，对于大多数人来说，身边的家人与朋友才是最重要的人。父母、孩子、兄弟姐妹等，都是伴随我们走过漫长人生且无法替代的同行者。

然而，即使我们深知家庭对于自己的重要性，也依然很容易在关系的维护上产生误解，父母与孩子、兄弟姐妹之间以及夫妻之间不和睦、相互怨恨和排斥的情况并不少见。

以亲子关系问题为例，虽然也有可能是儿童数量逐渐减少所致，但因父母过度溺爱而遭到摧毁的孩子也绝对不在少数。另一方面，也有因遭受父母虐待与忽视而缺乏关爱的孩子，即便长大成人，往往也会因为关爱缺失而抱有遗憾，对父母感到怨恨，忧郁愤懑积聚于心。

看到因父母关爱不均衡而导致兄弟姐妹之间相处不好、关系僵化、因遗产继承问题而相互怨恨的案例，不禁会让人产生疑问，家人明明应该是最为重要的存在，可又为何会出现如此多的问题呢？知名心理学研究者下重晓子的著作《别说一切都是家人的错》让我们意识到家庭关系并没有那么简单，正因为人们普遍怀有美好的期望，所以在无法得到满足的情况下，便会陷入执拗。

我一直坚持认为，社交距离是保持家庭关系，尤其是婚姻关系和谐的必要条件，正所谓"再亲密的关系，也要注意分寸感"，所以，我们不能对家人寄予过高的期望，不过度期待或依赖是非常重要的。有人说，因为丈夫一直居家办公，导致夫妇间吵架增多，这也印证了长时间共处必然会导致不愉快事件的发生。由此可见，与他人保持一定距离将有助于我们在思想与心态上保持平衡。

所谓家庭，原本就是在遭受饥饿、灾难、疾病和伤残时无条件给予对方支持与协助的群体，而家人的职责便是集中力量获取食物、分享稀缺食物并对无法独立生活的婴儿与老人给予支持和协助，相互反目、无法融洽地给予对方协助的家庭将无法生存下去。

现如今，家人之间的关系日趋淡薄，也正好反映了我们的社会日渐充裕，并且已经步入了即便没有家人的扶持也能够生存的时代。而养老金、护理、医疗、教育等却扮演着家人曾经在家庭这一群体中的各种角色。现在已经不再是没有家人就无法生存的时代了，这可能就是独居者数量迅速增加这一现象产生的一个重要原因。

我通常会将这种现象理解为小家庭向裂变家庭的过渡，由夫妇和未婚子女组成的小家庭是日常生活中最常见的一种家庭构成模式，在日语中被称为"核家族"，但即便是这种最基本的群体单位，也有因为选择离婚而导致家庭分崩离析、因为选择丁克生活而放弃生育子女以及因为选择单身生活而独居的现象，这些都是小家庭趋于"分裂"的体现。

但是，家庭的重要性因为裂变家庭时代的到来而再次变得清晰明了。如果夫妻双方不好好照顾彼此，便会导致离婚，不想离婚就不得不尽己所能地去照顾对方。夫妻关系其实十分脆弱，如果不谨慎对待，彼此之间便会产生裂缝并最终导致破裂。在过去的陈旧观念当中，女人离婚便意味着失去了生存保障，也会因此而无法养育子女，所以无论丈夫出轨、对自己施加暴力或谩骂自己，女性都只能默默忍受。但是，男人不应该理所当然地认为妻子只能做家务、照顾孩子与老人。如果男人在家庭生活中只是单纯地扮演着养家糊口的角色，就务必要做好婚姻破裂的心理准备，除非自己真正能够与妻子进行有效沟通，并且会向她们传达自己的情感。即便我在这里采用的是沟通这样的词汇，但就算不是长时间对话，也一定要尽量向自己的妻子表达关心与感谢，并且学会倾听。在发表有关个人喜恶的言论之前，也有必要考虑表达方式，而不是脱口而出。

有人会以"共同家庭成员"为由，坚持认为自己不需要向家人解释自己的任何行为，这种自以为是的理所当然才是大错特错。不仅是夫妻，父母与孩子之间也要大方地表达情感，否则将失去原生家庭赋予人类的美好。要做到这一点，孩子从小养成与父母交谈的习惯就十分重要了，而父母再忙也要给予孩子倾听。尤其是男性，因为本身就具有沉默寡言的特性，他们往往会以自然接纳的方式对待客观的外在世界，所以，家长有意识地创造机会和孩子沟通是十分必要的。

很多人在面临死亡时都会后悔地说道"我应该多陪陪家人"，相反，似乎很少有人会在这时后悔自己没有做更多的工作、培养更多的爱好或者赚更多的钱。

无论多忙，夫妻与亲子之间每天都应该确保有 10 分钟，或者 5 分钟的沟通时间，每个月至少要有 1 次集体活动并让它成为一种习惯，例如，乘车兜风、进行体育锻炼、外出就餐等，这很有必要。与丈夫（妻子）以及父母共处的时光，今后必将成为妻子（丈夫）与孩子之间不可替代的美好记忆。

并非所有家庭都存在关系僵化的情况，在日本，还是有很多家人之间相互给予支持与帮助的家庭。我曾有缘结识鹤冈市毛吕一家，富美子女士原本是毛吕农场"向心力"一般的存在，在她去世后，丈夫千鹤夫离开了充满悲痛回忆的鹤冈，与二儿子一家一起居住在横滨。在儿媳小鼓音的精心照料下，千鹤夫如今已93岁高龄。除二儿子一家之外，他也得到了居住在附近的大女儿与身在鹤冈的长子给予的无微不至的关爱。我很高兴看到毛吕一家没有任何一人将年迈的父亲视作生活的累赘，相反，他们共同努力、相互扶持的生活态度让我不禁感叹家人的重要性。

我们终将被越来越多的人温柔以待

如果我们能够热情地与所有人一同共处于当下，即便自己不拥有金钱与权力，我们也都将被越来越多的人温柔以待，而这些正是人类快乐与长寿的秘诀所在。

不仅仅是家人，我们身边还有很多重要的人。

职场中，同事与下属对我们来说也是十分重要的人，大多数人都会礼貌地对待自己职场中的领导，当然，这也可能只是一种恭维。然而，似乎很多领导只是告诉下属自己需要什么，而没有特别注意自己的态度。尽管身为下属，但同时他们也是同属一个团队的成员。人性没有区别，只不过是在组织中的角色不同罢了。为了提高团队绩效，我们不仅要向下属下达指令与命令，还要听取他们的意见与建议，创造一个尽可能舒适的工作环境，并且给予他们展示自己能力的空间。最近备受推崇的领导作风和组织类型便超越了工作中的上下级关系，可以激发每个员工的最大潜能，真正做到人尽其才。

身为女性，我在与下属共处的过程中，往往会考虑到他们（主要是男性）回归家庭后都会扮演父亲的角色，所以，我通常都会将他们作为一种充满骄傲与自信的存在来看待，以此为前提与其展开沟通，即使不使用敬语，我基本上也会使用十分礼貌的语言与他们进行交流。我在工作中遇到的优秀男领导们也都十分照顾下属，待人很有礼貌，很少有人只是单纯地向下属下达命令，甚至严加斥责。

越来越多的先进组织正在大力推行上级与下级之间的"一对一"对话，这种工作模式可以确保领导与下属之间有时间进行一对一的交谈，也可以保障领导有机会定期倾听下属的陈述、观点和要求。

在同一个工作场所，不仅有全职员工，也有合同工、临时雇员、派遣员工、兼职人员等。部分全职员工无法在短时间内记住所有工作人员的姓名，其中有些人的语气还十分霸道，态度极其恶劣，可以说这是一种非常可恶的待人态度。

我们在面对身边同事、超市收银员、快递小哥和垃圾清理员时，不应该把他们的工作视为理所当然，反而需要通过简短的交谈来表达自己的感谢与关心。

事实上，与周围人随意交谈似乎也是长寿的一个因素。杨百翰大学教授朱莉安娜·霍特·伦斯坦曾对30万人进行了为期7年的调查，发现人类长寿的第一秘诀是"促进社会融合"。运动、戒烟和戒酒的重要性不言而喻，但除此之外的其他饮食与健康习惯并未跻身人类长寿的十大要素，社会融合是指实际生活中与自己身边的人展开互动，并且进行交谈。互动与交谈的对象是上面我所提到的轻度参与到自己生活当中的人，也就是机缘巧合之下与自己产生关联的人。孤独似乎是长寿的头号敌人，因此，与其忽视那些看似无关紧要、不感兴趣以及不明身份的人，倒不如将他们作为社会中的一员去做自由交谈。

这也是珍惜我们当下生活的一个体现，无论对方是拥有人事权的领导、为销售做出贡献的客户，还是完全不掌握金钱与权力的普通人，如果我们能够热情地与所有人一同共处于当下，即便自己不拥有金钱与权力，我们也都将被越来越多的人温柔以待，而这些正是人类快乐与长寿的秘诀所在。

珍惜生活中
那些呵护你的人

为了自己的快乐与幸福，我们现在就应该意识到这些人的存在，并且对他们的好意表示感谢，珍惜生活中那些能够对我们的长处给予认可且不在意我们的弱点的人。

每个组织都有自己的明星人物与掌权者，那些身在要职的人、拥有人事权的领导、被视作未来高管的前辈身边总会出现一些希望得到认可、希望建立融洽人际关系和希望获取好感的人。

拥有极高人气的掌权者总会吸引各种各样的人聚集在自己身边，因此并非每个人都可以成功获取关注。但是，每个职场都从不缺乏诚实、努力工作和善良的人，即使他们并不引人注目。

如果我们对他们给予礼貌的对待，在他们繁忙时给予力所能及的协助，只需要简单而温暖的回应，就能够在彼此之间构建温暖的人际关系。

除了我们主动接近并希望获得其欣赏的人之外，或许还有一些自己虽不在意却出乎意料地能够给予我们理解、善意守护和抱有美好愿景的人。遗憾的是我们往往不知道他们的存在，也从来没有向对方表示过感谢。为了自己的快乐与幸福，我们现在就应该意识到这些人的存在，并且对他们的好意表示感谢，珍惜生活中那些能够对我们的长处给予认可且不在意我们的弱点的人。

与其在百般奉承之后让那些所谓的焦点人物关注自己，倒不如向给予我们温暖关怀的人表达感谢。找到对方的优点，发掘他们不为人知的全新一面，成为彼此人生中的良师益友。为此，重要的是我们要秉持"耳听为虚，眼见为实"的理念，不要被职场声誉、地位、权力所迷惑。与其着眼于"未来的盈亏"，不如珍惜与那些实诚人现在的友谊。即使换了工作，这种实在的友谊也会长久保鲜，助力我们的人生。

此外，正如我们常说的"人走茶凉"，如果本该升职的人因为运气不佳而遭到降级或在职人员面临退休，那么，聚集在他们周围的恭维之人也将随之散去。这时，如果我们能一如既往地抱有诚恳、礼貌的态度，便能和对方保持良好关系。

这同样适用于学生时期的友谊，有些学生在学校很受欢迎，也有一些学生会遭到低估与轻视。在那些不太受欢迎且朋友很少的人中，其实也有人适合做我们的朋友。如果我们能够发现一个人的长处，对于对方来说，我们便会成为那个举足轻重的存在。如果有人对自己抱有善意，即使对方没采取任何实际的行动亲近自己，感受到善意的一方往往也会因为实际存在的好意而感到温暖。

我搬家时，与我并不亲近的邻居曾说道"搬到新的住处，你也许会感到孤独吧，但请你务必要继续努力哦"，我的心也因为这听起来并不复杂的寒暄语变得温暖了起来。周遭的种种善意让我意识到平时必须要善于向这样给予我们温暖的人表达感谢，毫不吝啬地将自己的好意与感激之情告诉那些居住在自己附近的孩子以及平日里帮忙照料庭园中的鲜花的人。例如，我们可以称赞他们"很可爱"或"很漂亮"。如果我们不通过语言的方式与对方进行交流，便将无法表达自己的好感或感激之情，至少我们也要打个招呼或鞠个躬。那些表达自身情感的行为也一定会让我们拥有更多与自己心灵相通，并且能够相互给予温暖的朋友。

当我加入昭和女子大学这一专门从事教育事业的工作场所时，我发现，大多数老师都会异乎寻常地关心自己所教过的学生。毕业生偶尔来校游玩或给自己发来邮件，都将成为老师们开心的源泉。毕业生们往往会认为"我不是大家心目中普遍认可的那种优秀的学生，所以，老师一定不会记得我"，殊不知，他们任何一个人在老师心中都是那个"可爱的学生"。因此不妨现在就行动起来，给大学老师、初中老师、小学班主任发一段消息，以表问候。

如果我们能偶尔环顾四周与身后，而不是只将自己的关注点放在前辈或领导身上，就会发现其实还有很多人正在处处给予自己关怀与照料。

意识到有人对自己倾注关怀与照料，我们的心也将随之变得温暖。为此，我也会毫不吝啬地与自己身边的人打招呼并表达好意与感激。就算我自己没有直接得到回应，至少也让周围温暖了几分，这也是打造温馨的工作场所、构建社区和睦邻里关系的第一步。

不要再顽固地抱有"邻居与同事的热情不会助力自己在今后人生中获取成功"的错误观念了，从现在开始，请向身边那些给予我们热情关怀的人表达谢意吧。

帮助别人是一件令人欣喜的事

能够帮助别人应该是一件令人欣喜而感恩的事情，当自己向前来求助的朋友施助时，我们也可以发现自身的价值。

"给自己安排的任务要立刻执行"，这是我在埼玉县厅工作时认识的一位名为三角信子的女童子军时常挂在嘴边的一句话。

在团体活动时有可能会有团员向自己寻求帮助，这时，如果我们只是回应"请稍等"，而当时却没有采取行动，即使过后再主动提出"现在可以了"，问题有可能已经得到解决或者陷入了不可逆转的僵局。如果我们没有在对方寻求帮助时采取行动给予援助，那便无法满足对方的需求。对方一定是需要帮助，所以才会来求助，这种情况往往会出现在自己已经付出努力却无法赶上最后期限，自己遭遇意想不到的失败或错误，家人或自己因某事而感到崩溃时。每当接到他人因上述遭遇而向自己发出的求助信号时，我们要在力所能及的情况下立即采取行动，这才是正确的交友之道。

人们无法马上对他人的求助给予回应的原因有很多，例如，没有钱、时间、权力等，但这些原因并不会随着时间的推移而消失。在考虑以何种原因甚至借口敷衍对方之前，请首先想想自己能做些什么。即使自己试图给予对方援助，但如果我们只是过于慎重地考虑自己是否心有余而力不足、对方为何求助于自己、看似简单的求援背后是否存在何种阴谋等，而迟迟无法展开行动。相反，我们应该坚信对方是因为信任才会向自己发出求助信号，并且尝试对这一份信任做出反馈。只有成为这样的人，我们才能够为自己开辟新的可能性。我本人为人友好却又粗心大意，所以，总是会犯错或遭受损失，但我依然十分庆幸自己能够有机会经历种种遭遇。

能否立即做出反应取决于我们儿时的习惯，让我们来想象下面这样一个场景：即使家长向孩子表达出了求助的意愿，但孩子因为看电视或玩游戏而不停敷衍地说着"等会儿、等会儿"，一旦家长被动地接受了孩子的回应，并且认为"那也是没办法的"，便会造成孩子坏习惯的养成，并最终导致他们在长大后成为一个不会因为外界要求而立即采取行动的人。

过去，很多家庭都会要求男孩以学习为主，而女孩却不得不在家长的严格管教下帮忙做家务，但如今，"家庭教育"的两极分化正在加剧，无论是女孩还是男孩都以学习为主，家长对孩子不加约束，任凭其自然发展，有很多孩子都无法立即对外界要求做出响应。

父母应该告诉孩子，当我们对外界的召唤做出响应时，也是为自己开辟了新的可能性，如果在朋友遇到困难时给予他们帮助，便会得到对方诚挚的感恩。我们能够帮助别人应该是一件令人欣喜而感恩的事情，当自己向前来求助的朋友施助时，也可以发现自身的价值。

正因为越来越多的成年人都没有在儿时养成立即对外界召唤给予响应的习惯，所以，在接到求助时，只会不断地推迟处理并以此来敷衍对方。我们要告诉自己，迟到的帮助等于没有帮助，此外，作为家长，从现在开始，让孩子通过自己的实际行动，养成关心别人的好习惯，在接到他人的求助信号后就采取行动。

第五章

多看重生命的本身，多专注自己的生活

一切消费
以丰富当下为目的

我主张通过消费丰富当下、换取快乐，并以此增加未来的可能性，而不是通过储蓄的方式为未来做准备。当然，鼓励消费不等于鼓励浪费，这意味着我们必须以丰富当下为目的，理智并且有针对性地进行必要的消费。

1. 人真的需要很多钱吗

人们往往认为，拥有一定经济能力的人会比贫穷的人更加幸福，但财富和幸福感似乎并不成正比。

20世纪60年代到70年代是日本经济高速增长的时期，现在大多数人都拥有当时90%的人所向往的汽车、空调和彩电，大学入学率也较当时翻了四番。"住房难"这一词汇凭空消失，空置房屋的数量反而在逐年增加，这也成了当下令人倍感困惑的一个现实问题。然而，即便我们的生活看似取得了长足的进步，但人们的生活满意度似乎并没有得到大幅度的提升。当然，不仅是日本，在美国、英国、德国等地，尽管人均实际GDP均有所增长，但生活满意度并没有大幅上升，反而略有下降。另一方面，众所周知，喜马拉雅地区的小国不丹并不富裕，但是幸福感超高。

如果生存所需要的基本条件都无法得到保障，人们的生活将是不幸的，因此，国家需要为此打下坚实的社会基础，例如，让人们有一份能够养家糊口的工作，任何人在疾病来袭时都可以接受基本的医疗救助服务，孩子们能够接受学校教育，国民基本的饮水与用电需求得到满足等，这也是SDG（可持续发展目标）中所提到的目标。但如果是在一个基本生活保障相对完善的国家，只能说这些必要的社会基础都是人们司空见惯的，不会对居民幸福感产生任何影响。

实际上，这种应用于国家层面的标准，亦可用于个人。当收入无法满足生活所需时，人们往往会认为"再多赚一些就可以满足自己的生活需求"，但如果收入水平达到一定标准，即使通过默默的努力达到收入增加的目标，也不会给自己的生活带来惊喜。

美国的丹尼尔·卡内曼等人在2010年的一项调查研究中发现，如果当时年收入超过7.5万美元，即使收入增加，幸福感的增长比例也会下降。以日本现在的收入水平，年龄在40～50岁的户主收入为800万日元左右，这一数值略高于平均家庭收入。在达到这一收入水平之前，人们往往会因为每年10万日元的加薪而感到高兴，甚至还会因为5万日元的额外收入而表达自己的感恩之情。然而，当年收入从1000万日元增长至2000万日元时，人们当然也会感到高兴，但远远没有从300万日元加薪至600万日元时的幸福感，即使收入从2000万日元达到3000万日元，甚至5000万日元的水平，人们的满足感也不会得到相应程度的提升。收入越高，税率越高，如果单纯从幸福与收入的关系来看，累进所得税也将起到举足轻重的作用。

有一份稳定的收入是非常重要的，虽然有很多个体经营者、派遣员工、合同工、兼职人员等在疫情期间因收入锐减而陷入困境，但许多工薪阶层在此期间只是减少了奖金收入而已。稳定的收入并不是"理所当然"的，我们必须要对能够给予自己基本收入保障的对象表示感谢，在长期的经济衰退和数字革命面前，任何人都无法保证自己的企业能够持续盈利。那么，我们是否应该从年轻时就开始存钱，致力于经济投资或钱财的有效利用，并且通过这种方式为自己的将来做好储备呢？我对此持否定意见。

我主张通过消费丰富当下、换取快乐，并以此增加未来的可能性，而不是通过储蓄的方式为未来做准备。当然，鼓励消费不等于鼓励浪费，这意味着我们必须以丰富当下为目的，明智并且有针对性地进行必要的消费。

2.如何更加明智地花钱

何为通过消费的方式充实当下并且换取快乐？哈佛大学商学院副教授迈克尔·诺顿和不列颠哥伦比亚大学副教授伊丽莎白·邓恩曾提出过消费的5项原则，分别是"体验胜过消费""奖赏消费""时间型消费""预付消费""为他人消费"。

"体验胜过消费"，花钱"买体验"的行为似乎比购买珠宝、别墅、衣物、汽车等物品更能为人们带来快乐。物质带来的喜悦是短暂的，随着时间的推移，我们对于物质的渴望也将消失殆尽，但用于体验的支出反而会使我们的满意度得到进一步的提升。例如，旅行、聚餐、音乐会、补习班、学费等，这些都属于体验型消费。

当然，尽管"体验胜过消费"，但并不意味着每一次体验都会为我们带来快乐。在诸如酗酒、赌博等方面的消费经历则会导致人们后悔与内疚，对人不利，甚至危及生命，诺顿列举了以下几项可以为我们带来幸福与满足"体验"的必要条件。

（1）与人分享，感受社交的快乐。

（2）有自己希望反复讲述的事情发生。

（3）获得自我认知及人生愿景。

（4）拥有无法比拟的乐趣和惊喜体验。

例如，2012年夏天，在机缘巧合之下，我第一次踏上了萨哈共和国的领土。萨哈共和国地处东西伯利亚极寒地区，虽然隶属俄罗斯联邦，但国土面积达到了日本总面积的8倍之多，而人口却只有96万。沿勒拿河上行，我观摩了萨满祭祀，在盛夏时节前往冰雪殿堂感受了零下20摄氏度的严寒，这些体验至今仍然令我记忆犹新，我非常感谢当时与我展开交谈的当地朋友和给予我盛情款待的副总理。

尽管没有对我的工作或论文写作带来实质性的帮助，但那一次为期5天的特殊旅行仍然是我永生难忘的经历。

此外，我也永远不会忘记母亲去世之前，我陪她前往京都旅行的经历。尽管旅行期间恰逢酷暑，并且因为我个人工作而倍感忙碌，但妈妈日后曾多次与我聊起有关修学院离宫和祇园祭花车的一些细节，所以，我依然认为那一次的旅行拥有十分特别的意义，而这次经历也恰好符合诺顿和邓恩所提出的"体验胜过消费"能够为我们带来幸福与满足感的必要条件。

如果有机会，我常常会不计报酬地接受海外向我发出的讲座邀请，我很高兴能够在昆士兰大学、华沙大学、威尼斯大学等一些大学作讲座，并且还通过这种方式与对方签订了大学生交换项目协议，这可以说是十分富有意义且令我感到幸福的经历。

何为"奖赏消费"呢？这是一种在日本人中常见的消费行为，特指在获得一定的成功后针对自身进行的奖赏，当成功达成某事或努力工作过后，给自己买件心仪已久的衣物、饰品，出去吃一顿大餐等，针对自身给予奖赏，以表达对自己的肯定与喜悦的心情，从而使幸福感得到提升。我们可以在开展某一行动之前制定奖赏制度，例如，如果成功达成目标，便可以在自己最喜欢的餐厅尝试点一些比平时略为奢华的"厨师推荐"餐品，或者品尝自己因为减肥而不敢尝试的小甜食。因此，奖赏消费可以说是一种比较有利于激发个人潜能的消费方式。不仅是自己，在自己的孩子、侄儿侄女、孙子孙女等为达成某一目标而尽最大努力后给予他们奖励，也将加强长辈与年轻人之间的联系。

"时间型消费"就是为了自己能够将更多的时间用于重要的活动而产生的金钱消费，例如，忙于工作的母亲将家庭清洁工作外包给他人并不是一种浪费。如果金钱消费可以保障自己能够有与孩子共处的时光，防止我们因过于疲倦而产生焦躁与沮丧的情绪等，那便意味着我们可以通过金钱换取快乐时光，而"时间型消费"也就成了一种非常值得借鉴的消费方式。

由于新冠肺炎疫情，许多人开始通过网上购物的方式消费，而不是前往实体店购物。有些人会非常庆幸，认为网上购物的消费模式为自己赢得了更多的时间，但那些"喜欢购物"或者"视淘便宜货为乐趣"的人却总是对网上购物提不起兴趣。每个人所采用的消费方式不同，但最终目标是相同的，那便是取悦自己。认为通过打扫可以让生活环境更干净、清爽，并且能够使自己快乐的人，一定不会将打扫的工作外包给他人，同样，我个人非常喜欢做饭，所以，我更喜欢在家吃饭而不是外出用餐、打包餐食或点外卖。

如字面所示，"预付消费"也叫提前消费，是指顾客预先向商家交付一定额度消费金额就可以类似整存零取的方式享受到服务，有时还可以获得商家承诺的额外优惠。这种消费模式为顾客提供了便利，省却了每次交纳现金的麻烦。例如，报名参加下一次的暑假旅行团，预订音乐剧或音乐会门票，等等，许多人在真正踏上旅途或在听音乐会之前，都有过因预付消费而在期待中产生更多乐趣的经历。另一方面，如果通过信用卡预支的方式进行超前消费，获取物质的快乐稍纵即逝，而我们却不得不在短暂的快乐之后付出相应额度的经济代价，这反而会让我们感到痛苦。

"为他人消费"是最有意义的消费方式，是将钱财用于他人或社会。据说，美国有一种文化，即富翁应致力于公益事业，并且在一定程度上进行捐赠。微软创始人、亿万富翁比尔·盖茨使用自己的资产创建了比尔及梅琳达·盖茨基金会并且从事公益活动，为世界各地的儿童提供了力所能及的援助，脸书的创始人扎克伯格也在女儿出生时捐赠了自己99%的股份。

在这样的文化熏陶下，诺顿（哈佛大学副教授）曾在加拿大温哥华做过一个实验，他向当地居民分发了分别装有5美元与20美元现金的信封，并且要求他们自行做出支配，当然，可以选择为自己或他人购买礼物，也可以捐赠给慈善机构。实验结果显示，为他人购买礼物或捐赠给慈善机构的人所获取的幸福感远高于为自己购买礼物的人。由此可见，幸福往往取决于为谁消费（自己、他人、社会），与金额大小无关。母亲将美味的食物留给孩子而自己却不舍得品尝，这通常会被认为是一种伟大母爱的体现。当然，与自己品尝相比，妈妈可能更愿意看到孩子享用美味并因此而收获幸福，这也印证了我所提出的"为他人花钱更能收获幸福"的观点。

2013年有一项调查，在对136个国家的数据进行分区域考察后发现，上月是否有过捐赠等社会支出项目，会对幸福感的获取产生很大的影响，所有区域无一例外。

即便金额微小，将自己的钱财用于社会的行为也将提升我们的自尊心，并会为自己带来幸福感。也许这不仅能让我们自己感到快乐，还能对现实世界做出一定程度的改善。那些接受他人善意的人们也会因为得到帮助

而心怀感恩并且努力做出回馈，从而形成良好的社会循
环。相反，吞噬越来越多的金钱或财富，并不会为我们
带来幸福与快乐。

处事井井有条，
遇事不慌不忙

要想走出困境，我们就必须将自己的注意力全部集中在某一项单一任务上，即各个问题逐一解决。为此，我们决不能只着眼于整体，而是要将问题一一列出，并且逐一攻破。

人们有时会因为无法对他人起到帮衬作用或无法完成自己的工作而感到沮丧。我要做那个，还要做这个，那个还没有整理，这个也没有开始……我应该从哪一项工作开始着手？我没有时间，没有能力，我应该怎么办？生活中，我们每一个人都可能被时间追赶、被工作追赶并且因此而惊慌失措。结果，我们只能在慌乱之中任随时间流逝，却收获不到任何成果。

甚至在因遭遇失败或困难而失去信心、意志消沉、心理承受能力减弱时，人们也很容易陷入茫然、忧郁、不知所措的状态中。

当面临众多问题时，我们更倾向于同时解决，但大多数问题却不允许我们这样去做。在尝试同时解决多个问题时，我们往往无法集中注意力。结果，所有问题都会半途而废，没有一个能够真正得到解决，于是，我们越来越走投无路，最终将陷入急躁、丧失信心的恶性循环。要想走出困境，我们就必须将自己的注意力全部集中在某一项单一任务，即各个问题逐一解决。为此，我们决不能只着眼于整体，而是要将问题一一列出，并且逐一攻破。

人的一生中会遇到很多问题，很多时候我们都面临着选择，每一个人需要暂停自己的脚步，把这些需要解决的问题和任务安排得井井有条，即垂直排列问题。生活中，我们要善于将自己面临的众多事情进行级别上的划分，例如，需要紧急做出处理的事情，需要花费一定时间但十分重要的事情，即使延迟处理也不会产生问题的工作等。当然，垂直排列时，我们必须将最重要的问题放在首位，而不是依据解决问题的难易程度做出判断。但在实际生活中，我们往往容易从可以轻松解决或自己擅长的问题入手，不过需要注意的是我们必须优先考虑重要的问题。哪怕因为时间不足而导致最后不能解决所有的问题，但只要优先处理重要的事情，也能够起到减少后顾之忧的作用。总之，就是按照重要程度逐一解决问题。

理想的状态下，问题应该垂直排列，但事实往往并非如此。在我三四十岁的时候，工作和家庭都要兼顾，当时有两列垂直排列的问题出现在我面前，一列是工作中要解决的问题，一列是家庭问题。在工作中，我必须要面临那些垂直排列在我面前的各种问题。而下班后，每当踏上通勤电车，我又不得不立即切换角色，解决各种家庭问题。现在，我的孩子已经独立，那些与家人相关的"家庭问题"也相应减少，因此，在家时，我依然会将私人时间用于大学内的工作或写作。生活重心会随着时间的推移而改变，面对不同情况时，我们要稳住自己，灵活应对。

珍惜缘分，
人生会更灿烂

我们应该尽量与那些因为各种机缘巧合而有幸相识的人保持良好的关系，通过充满善意的语言或行为让幸福感留存于彼此之间，并且不断地充实、扩大。

78亿人在地球上共同生活，而我们有幸直接会面、交谈、结识的人远不足1%，甚至只有0.1%或0.0001%（约7800人）。即便是众所周知的著名人士，能够亲自见面，并且彼此明辨面孔与姓名的，应该也不足1000人。一直从事大猩猩研究工作的京都大学前任校长山际寿一表示，能够保证家庭、橄榄球队、足球队（军队中的小部队）成员可以展开密切交流的人数上限是10～15人；将班级人数与管理岗位下属数量（约等同于军队中的中队规模）控制在30～50人时，可以保证成员熟悉彼此的面孔与性格，并可以在同一个领导的带领下展开行动；而100～150人则是现代人能够在熟识彼此面孔与姓名的前提下，相互形成信任关系的最大值。领导者的角色取决于团队的规模，我将另行择机围绕此观点展开论述，但我想借此说明的是，在生活中我们会遇到不同的人，但数量其实是十分有限的。

也许很多人都会在一个地方出生并长大，在同一所学校作为同学一起学习或在同一单位工作等。在我们无法自行做出选择的前提下，可以在短暂的人生中与他人共享相同的生活空间与时间，我只能说，这是一种"缘分"。而缘分又通过各种不同的纽带将我们彼此紧密地联系在了一起，例如，地区纽带、血缘纽带、职场纽带、学校纽带、同为父母的身份纽带等。此外，夫妻之间、父母与子女之间更是作为彼此共度一生的伴侣、家人而有着极为深厚的缘分。

即便没有选择与某人在同一所学校就读，但日后有机会以领导与下属的关系在职场上共事，这也是"缘分"使然。我们应该尽量与那些因为各种机缘巧合而有幸相识的人保持良好的关系，通过充满善意的语言或行为让幸福感留存于彼此之间，并且不断地充实、扩大。这与我在第四章中所提到的观点具有一定的共通性。

然而，如果远方的陌生人获取成功或快乐，我们往往会同样感受到喜悦并诚恳地给予祝福；但当身边的同事或同学获得成功时，我们心中却会泛起波澜，认为"他不过只是运气好罢了，没一点实力""明明一直都在努力，为什么我事事不顺"。

与自己不认识或无关的人相比，当那些与自己熟识或存在一定关联的人获得成功时，我们更应该努力向他们表达喜悦与祝福，这种行为对我们形成良好的心理状态和现实的人生战略都十分有利。在朋友收获成功或好运时，即使对自己来说毫无利益可言，也要毫不吝啬地表达出自己的情感，例如，"太好了，恭喜恭喜"，我们要让它成为一种习惯，而不是思前顾后才付诸行动。听到他人对自己的祝福后，任何人都会认为给予自己祝福的一定是一个好人。而这种善意也将不停流转，最终会为自己带来好的回报。今后，让我们一起充满善意地看待那些与自己颇具缘分的人并成为彼此的"追随者"，这将是一种"吉兆"，一定会为自己带来好运，让人生越走越顺。

我很佩服身边的一个年轻朋友，他曾说道，我们不能垄断好运，反而应该与身边的家人与朋友进行分享，通过这种方式，让自己的运气越来越好（这也是父母一定要教给孩子的人生智慧）。

缘分与运气可能看起来更像一种老式的思维方式，但是，人类绝不仅仅是凭借自己的努力和才能来维持生存的。即便是在工作中，我们往往也会受到各种机缘巧合的影响，而那些所谓的机缘巧合将直接关系我们是否能够真正地珍惜当下。

想来，我们的出生真是天大的巧合。我们无法选择父母，但他们的生命都与自己紧密相关，而且还将在我们身上得到延续。我们的祖先在围产期与婴儿死亡率极高的时期幸存，后来又成功躲过了瘟疫、饥荒和战争，身为后代的我们即使生病，也有幸保住生命，没有遭遇交通事故与意外。在各种机缘巧合之下，生命有幸从在地球上出现的那一刻开始一直延续至今。

怎样做才不算毁了自己的一生？当然，首先，我们要做到不以敷衍了事的态度对待生活。其次，我们不能有伤害他人或给他人带来不便的负面行为，而且还要为周围的人和社会做一些有益的事情。只要不断积累，不管有多么微不足道，那也是珍惜生命的体现。珍惜生命不是为了让自己感觉舒服，不是为了避免困难，更不是为了追求安全与长寿，而是为了赋予生命更大的价值。

为了更好地生活，我们应该照顾好自己周围的人并给予他们帮助，心中充满希望与美好愿景。这是一种态度，也是生命富有更大价值的体现。

活在当下
才是真正的生活

如果我们能努力地活在当下，便可以成功地开辟一条新的道路，人们在生活中容易犯下的最大错误便是担心未来、迷失方向，并且因此而无法专注于自己现在需要做的事情。

据说，有很多女性认为，到了100岁的年纪，仅靠公共年金❶是不可能过上安逸的晚年生活的，所以从小就应该学会省钱。而我也想对持有这种观点的女性朋友们发出号召，"等一等，在为自己的晚年存钱之前，我们现在还需要做一些事情"。似乎很多女性都有着长远的眼光，换言之，这也是女性更容易产生焦虑的一部分原因（当然，这只是整体感觉，不排除当中存在个体差异，例如，有些女性也是崇尚刹那主义的享乐派，而男性中也有人喜欢做长远的打算）。

---

❶　日本养老社会保障的实现形式。

在昭和女子大学，我主张女性应该在自己漫长的一生中坚持工作，而学生们也已经逐渐开始认同且支持我的观点。然而，最近一位女学生在找工作时明确表达出"希望能够保持工作与生活之间的平衡，在工作中兼顾家庭与育儿"，但是，现在她还没有孩子，也没有恋人，更谈不上结婚了，当然也就不会有"能够兼顾育儿的工作"，因此，这位学生的观点多少会让人有一些违和感，听到这种观点的人往往都会产生疑问，也会认为这是她的长期生活规划。但是，法律与制度会随着环境的变化而变化，企业与工作方式也会发生变化，没有人能让生活按部就班地进行。

年轻的时候，我们就应该找一份"自己想做、想挑战，或对社会有用"的工作并把自己所有的精力投入进去。就算有人批评自己眼高手低或能力不及，也要尝试努力。在年轻的时候，即使犯错，我们也应该拥抱当下，期许未来，尽自己可能去做好自己应该做的事情。

即使有一份能够稳定地做到退休的工作，但如果我们不喜欢、不适合，或认为这是一份没有前途的工作，那一定也不会在生活中努力做到二者兼顾。即使身处能够兼顾育儿与工作的职场当中，也多少会有一些困难摆在职场妈妈们的面前，所以，如果不是自己真正喜欢的工作，人们往往会萌生以生孩子为契机告别职场的想法。为了未来而坚持做一份自己不喜欢的工作，既困难又乏味。如果我们有一份自己喜欢的工作，真心希望继续做下去，那我们一定会想办法实现两者兼顾，并且用尽智慧做到最好。从我的经验来看，即使我用尽全力，也依然有可能在筋疲力尽之后山穷水尽，但当我挣扎着向周围的人寻求帮助时，又总能绝处逢生，意外得到拯救，并且以某种方式开辟另外一条道路。

无论如何，漫长的人生道路都不会完全按照计划或梦想进行。生活中，我们总是会陷入无法预料的各种事态当中，就像这次的新冠肺炎疫情。

让我们回归正题，金融厅2019年发布的报告称，退休后30年如果仅凭借公共年金维持生活，将会出现2000万日元的短缺，仅靠公共年金，人们可能无法衣食无忧地度过人生的后30年。被称为"福利国家"的北欧，其年金给付时间也比日本短。往前追溯两代便不难发现，当时的日本，有很多老人都会做一些自己力所能及的工作，例如，为家人做饭、打扫卫生、照顾孙子、从事社区工作、除草还田、制绳等。我奶奶说，"不努力工作会受到惩罚"，原因有很多，例如，当时日本社会整体财富水平欠佳，没有公共养老金，没有家人帮忙赡养父母等，因此，即使奶奶年事已高，也曾每天都忙于除草与清洁的工作。

对于现代女性来说，最重要的是保持和提高社会所需的技能与能力，保证自己在年老后也依然富有体力和工作动力，而不是从小就努力存储积蓄，为老年生活做准备，这才是最重要的"老后对策"。当然，抚养孩子、长期看护等照顾人的能力与做清洁、烹饪等家务能力也是周边人群和社会所要求的优秀"能力"。

没有人能准确地预测经济大势，不管我们有多少积蓄，也有可能无法应对变幻莫测的未来。2000万日元的积蓄能够保障老后生活——也是在假设物价和消费水平等各种条件不会改变的情况下，通过计算得出的结果。但专家应该也不能断定日本今后是否还将继续发行国债，日元是否可以继续保值，物价是否会继续保持稳定。当下的新冠肺炎疫情暂未完全得到控制，也没有人知道如果发生战争或首都发生直下型地震，日本将会面临什么样的处境。

尽管我们不知道明天会发生什么，但要知道，每一天自有它的难处，这已经足够了。但这并不意味着我们因为无法预测明天或未来，就要崇尚刹那主义生活并停止各种尝试与准备。相反，我们要充分享受并丰富当下的生活，让自己充满活力。如果我们能努力地活在当下，便可以成功地开辟一条新的道路，人们在生活中容易犯下的最大错误便是担心未来、迷失方向，并且因此而无法专注于自己现在需要做的事情。比起存2000万日元为晚年做准备，现在努力生活更加重要，这才是当下最流行并且最明智的养老方式，值得所有人借鉴。

层次越高的人
越爱惜身体

如果自己有喜欢并特别擅长的运动，生活也将会因此而变得丰富多彩，充满乐趣，但即使没有，我们也要试着活动自己的身体，例如，不使用自动扶梯或直梯，选择徒步、爬楼梯等方式加强锻炼。

对于人类来说，无论生活在任何时代，健康都是最重要的事情。如果我们不幸感染了新冠肺炎病毒，只要平日里身体状况正常且无其他病状，那么，80%以上的人都将属于无症状或轻型症状群体。但肥胖者、重度吸烟者以及患有糖尿病、高血压等基础疾病的人感染重症新冠肺炎病毒的风险很高，因此，担心感染新冠肺炎病毒的人便需要在日常生活中改善自己的健康状况。如果因为害怕感染病毒而足不出户，我们的体力就会变弱，痴呆症等问题也会随之出现，甚至发生恶化。健康促进是一项必不可少的活动，而非"不要不急"❶。按时

---

❶ 表示"并非必要的，也没有急着去做的必要"，是日本在新冠肺炎疫情期间向国民提出的倡导，号召大家在不必要、不紧急的情况下不出门。

睡觉、均衡饮食和锻炼身体的重要性始终不变，即使在新冠肺炎疫情期间，也是我们应该积极牢记的目标。好在超市等场所一直保持营业状态，食材获取方面也没有任何不便，所以，更多的人会优先选择在家中用餐，而非外出就餐。许多餐厅也开始提供外卖服务，但是，如果我们尽可能地在家里烹饪食物，即使是简单的饭菜，也可以减少盐与脂肪的摄入量。当然，吃是生活的乐趣之一，所以，我们还是要尽情地享受美食。如果我们买到好的食材，即使自己的烹饪技术不佳，也依然可以品尝到食物本身的美味。如果我们重视对孩子的饮食教育，便可自然而然地向孩子传授营养知识。当然，家长不仅要向孩子传授这些营养知识，自己在家做饭、饭后打扫、洗碗、清理垃圾也是人类在漫长人生中需要掌握的技能，因此，一定要借此机会向孩子进行传达，并且从现在开始和家人一起做一顿节日大餐，开始这场爱惜自己身体的旅程。

现在，部分刚刚步入青春期的女孩会因为在意自己的体形，而从小学高年级起就开始节食。但是钙摄入量不足，年纪大了便会面临骨质疏松的问题，如果年轻时不加强锻炼，就无法增强体力，也不会拥有强健的体魄，即便深知这将有可能对自己日后备孕、分娩以及兼顾工作与育儿的繁忙生活带来麻烦，也丝毫不会动摇。相比之下，"抗击新冠肺炎疫情，我们共同努力，提高自身免疫力"的表达方式可能更容易让人接受。

男孩则普遍对自己的饮食习惯漠不关心，他们不会考虑营养是否均衡，有时会用各种快餐食品填饱肚子，甚至每天都吃牛肉饭和拉面。男性抽烟喝酒的情况日趋减少，而染上这种生活习惯的女性却在不断增加，这着实让人感到遗憾，其实女性完全不必去尝试这些原本只会在男性身上出现的坏习惯。

在日本，60岁以上的男性和女性大多从40多岁开始就会特别关注自己的健康，这一现象在女性身上往往能够得到更加极致的体现。许多人会尝试轻运动和均衡饮食，增强自己的体力和运动能力，这也成为日本长寿社会的坚强基石。如今，健身房中也不乏老年人的身影，但遗憾的是受新冠肺炎疫情的影响，去健身房锻炼的人越来越少。

小学生群体通常会在学校的组织下用餐，并且投身体育锻炼，此外，家长也会格外关注孩子的饮食与运动，相反，15岁左右到四五十岁的人群正处于精力充沛的壮年时期，提高他们的健康意识是当今社会所面临的一大挑战。一些龙头企业现在通常都会十分关注员工的"健康管理"，不仅会控制工作时间，还会鼓励员工合理支配饮食和运动时间，同时也经常面向员工开展压力检查。我希望这种"健康管理"的理念不仅是在企业中得到推行，年轻人也应该大大提高对自身健康的关注。

美国上班族现在都十分热衷于慢跑，他们往往会通过这种方式来保持自己完美的身形。美国是汽车社会，一般情况下，人们没有足够的机会徒步或跑步，因此，他们只能自己想办法管理自身的健康。当今日本，很多人都十分热爱高尔夫这种优雅的运动项目，但实际上，在从事此类运动项目的过程中，大部分时间只需要坐在高尔夫专用车上巡回场地，运动量非常小，因此，即使是在日本，上班族们也应该尝试定期的徒步锻炼。平日里，我也不会做任何特殊的运动，但我每天都会步行（我只从家里步行到大学）或乘坐公共交通工具通勤。

如果自己有喜欢并特别擅长的运动，生活也将会因此而变得丰富多彩，充满乐趣，但即使没有，我们也要试着活动自己的身体，例如，不使用自动扶梯或直梯，选择徒步、爬楼梯等方式加强锻炼。

没有压力的状态
并不总是幸福的

没有压力的状态并不总是幸福的，直面压力会让我们感到紧张，但是生命是有韧性的，经历了生活的风雨、克服精神的压力之后，我们会变得更加坚强。

许多人会因为巨大的压力而倍感苦恼，甚至还会出现类似抑郁症的症状。有消息称，年龄在15～39岁之间的约54万人和年龄在40～64岁之间的约61万人，因为疫情而居家6个多月没有上学或工作。

　　在工作方式改革的呼声浪潮中，长时间工作正在逐步得到规范，企业也正在面向员工展开压力检查，并且推进职场内的产业医师安置工作，要求其在工作场所对各类从业人员实行健康管理。

　　人类的生活一定是与压力共存的。对于金属等物质来说，在外力作用下产生压力并且因此而发生的变形，大多会在外力消失时恢复到原有的状态，但如果施加的压力超过了金属本身所能够承受的极限，在压力作用下产生的外形变化便无法再恢复到原来的状态，在某些情况下，金属物质本身还会因此而彻底遭到摧毁。精神压力也是如此，即使从外界施加各种压力，人们的心理状态通常会在外部压力消失后恢复正常，但如果压力过大，超过人类本身的复原能力，随之而来的便是彻底的"心态崩塌"，当然，每个人可以承受的压力也因个人的适应能力和复原能力的不同而存在很大差异。

对于任何一个人来说，都不太可能在没有压力的状态下生存。只要在世上生存一天，所有的人都会感受到压力，但有些人可以从强烈的压力中恢复，也有一些人连非常轻微的压力都无法应对。韧性决定一切，换句话说，人类承受压力的程度取决于自己面对压力的自发愈合能力，这是在人类遇到困难和感受到强烈压力时，摆脱压抑的困境和恢复积极情绪的一种力量。因此，我们在面对外界的种种压力时，重要的不是消除压力，而是增强自身韧性。没有压力的状态并不总是幸福的，直面压力会让我们感到紧张，但是生命是有韧性的，经历了生活的风雨、克服精神的压力之后，我们会变得更加坚强。

如果外界环境永远保持恒温，并且充满光亮，便不会为我们带来任何刺激和冲击，同样，如果没有梦想与目标，也没有任何艰辛或挫折，也许我们就感受不到压力，但一定也无法得到成长。压力大多是由悲伤、痛苦和遗憾引起的，但也可能源于美好的事物与令人感到幸福的变化。进入新的学校开始学习，因升职或人事调动而就职新的工作岗位，与自己爱的人结婚并开始新的生活，孩子的出生等都是幸福的变化，但我们在面对这些变化的同时，依然需要适应新的环境，并且会因此感受到精神上的压力。压力是由变化引起的，如果这种压力能够强化思想并使我们得到成长，那便是正面压力。这就像肌肉训练一样，通过训练，我们可以给自己的肌肉带来压力，让它们变得更加强壮。如果没有日积月累的力量训练，毫无疑问，肌肉力量便会减弱，与此相同，如果没有外界的刺激，人类的精神力量也将减弱，久而久之，便无法再承受新的刺激。因此，生活需要适度的压力，适度的生活压力可以激发我们的干劲。

即便如此，我们有时也会因为心爱的家人离世，遭受解雇后的失业、生病、受伤等客观因素的过度变化而倍感压力，甚至无法再次站起身来。适度的压力可以促使我们成长，但过度的压力则会让我们不堪重负，甚至导致无法挽回的结局。每当我们不得不面对这种过度的压力时，并不需要勉强应对，可以选择一个人默默地等待，直到自己具备复原能力，除此之外，我们可以在感受到压力后全身心地投入自己喜欢的运动或工作中，分散自己的注意力。每个人对于压力的感受与承受能力是有差异的，任何人都无法断言"这样做更易克服压力"。因此，我们只能在生活中加强练习，以适合自己的方式提高自身的韧性。

我们在面对忙碌的工作、没有朋友陪伴的孤独、需要使用自己并不擅长的英语与电脑开展工作等非高强度的中度或轻度压力时，改变自己的观点，寻找积极的一面也将是十分有效的应对方法。遇到上述情况时，我们不妨换个角度来看待自己眼前的一切，正因为工作繁忙，才可以让我们有机会锻炼自己快速处理事务的能力；正因为孤独，才可以让我们有机会自由地做自己喜欢的事情；正因为那份让自己感到为难的工作，才可以让我们有机会掌握自己原本并不擅长的能力，如此一来，那些所谓的负面压力最终也将成为我们的加分项。我们也可以适当地给予自己一些奖励，例如购物、旅行、吃自己喜欢的食物、和有趣的朋友一起运动等，这也是缓解压力的有效措施。总之，我们可以通过正面和负面压力相结合的方式来克服负面压力。但即便是正面压力，也依然需要适当地缓解自己的紧张情绪。

怎样缓解紧张情绪？我希望每个人都可以列出能够使自己的心情得到改善的"有趣和喜欢的东西"，并且根据程度的由轻至重依次对摆在自己面前的压力做出排序，然后，从众多压力中选择一项，有针对性地做出应对，以此来改善自己的心境。

第六章

一个人的生活状态，
并不依赖于他人成全

快乐生活
与幸福人生的关键

在独立的基础上，有在紧急情况下能求助的朋友，有接受帮助并且懂得感恩的"受助能力"，有在接受他人求助时欣然给予帮助的"施助能力"，这便是快乐生活与幸福人生的关键。

对于我们来说，生活中最重要的是自己做出选择和判断，负责任地生活而不依赖他人。但是，每当我们强调这一点时，便容易被理解为不允许彼此打扰或不为他人增添不必要的麻烦。每个人都不得不将自己作为一个个体面对一切并且独自承担风险，比起独立，用孤立来形容身处当下社会的我们才更为恰当。

　　我曾经说过，生活在未来的年轻女性必须有独立生活的经济能力和精神力量，但有人也会因此而担心，如果她们过于追求独立，反而会变得孤立无援，那么，独立和孤立究竟有什么区别？能够独自生活并解决自己所面临的问题，不必在经济或精神上依赖他人，这便是独立。但是，当遭遇超出自己能力所及的危机，并且因为无法做出处理而倍感无助时，我们可以主动求助或被动地接受他人的援助，而这正是辨别我们是否孤立他人的标准。

如果我们已经付出努力，但依然力不从心，那么，就一定要寻求并接受他人的帮助，这时，便需要我们具备求助能力和受助能力。当然，如果我们在需要他人帮助的时候只是简单地说道"无论你采用什么方法，请你帮助我"，那么，没有人会知道应该如何给予我们帮助，我们也无法从任何方面得到帮助，我们要用心地表达自己想要得到什么样的帮助，以及需要对方如何给予帮助。如果对方不知道我们是否需要帮助，或者他们不知道该怎么做，即使是有意且有能力提供帮助的人，也可能会产生犹豫的想法。另外，对于那些平时不联系而且因此缺乏沟通的人来说，即使迫于紧急情况而突然向对方求助，往往也无济于事。我们是否能够在紧要关头得到帮助，关键在于自己迄今为止所建立的人际关系与信任关系。

另一方面，如果有人向自己寻求帮助，只要是在自己的能力范围之内，请尝试尽可能多地向对方提供帮助。有人向自己寻求帮助时，如果我们已经被生活和工作压得喘不过气来，也是无法向对方给予任何帮助的。即便有足够的经济能力与权势地位，但如果缺乏同理心，我们也不会向对方提供帮助，除非我们每天都能够设身处地理解对方，并拥有智慧和知识等能力的支撑，否则也无法给予对方帮助。从某种意义上来说，可以帮助他人意味着我们具有全面地向他人施助的能力。

在独立的基础上，有在紧急情况下能求助的朋友，有接受帮助并且懂得感恩的"受助能力"，有在接受他人求助时欣然给予帮助的"施助能力"，这便是快乐生活与幸福人生的关键。

　　然而，真实的生活往往并不是最理想的状态，许多人明明已经给他人造成麻烦了，却还不以为然。尤其有一些人会理所当然地认为"给家人添麻烦是应该的""别人不帮我是正常的，但如果是父母或亲兄弟姐妹，在自己遇到困难的时候就必须给予帮助"。这种人往往会无穷无尽地要求他人给予自己帮助，除非有人明确地告知他们"人要靠自己，不要依赖别人，哪怕是亲人""请你照顾好自己，自力更生"。

　　有的人善于寻求并接受他人的帮助，无论对方是否是自己的亲人，而有的人在面对困难时会选择咬紧牙关，努力不寻求他人的帮助。所以，总的来说，我并不提倡向所有因面对困难而感到无助的人提供帮助。在自己能力范围之内向彼此相互了解的人给予帮助，才是最现实并且最正确的选择。但面对那些身处灾难、身患疾病或残疾的人，我还是希望大家能够在自己的能力范围内，伸出援手来帮助他们。

真正的自律，是对
自己有清醒的认识

自律意味着一个人对自己有清醒的认识，能够管理自己的时间和金钱，并且有健康的生活方式。过度进食或酗酒，浪费时间与金钱都无法实现真正的自律。

生活在未来社会的每一个人都要在独立的基础上，与周围环境和谐共处，并且具备施助与受助能力，这也是人类生存的理想状态。每一个独立的个体都可以掌控自己的日常生活，按照自己选择的生活方式自主生活。我们是独立的个体，却不是孤独的存在。

脱离他人而独立生活是个人与社会的关系，但自律则完全是自己的事情。有的人有自己的工作且经济独立，从社会角度出发，可以将其视作一个独立的个体，但在生活中，他们当中的很多人都不自律。

自律意味着一个人对自己有清醒的认识，能够管理自己的时间和金钱，并且有健康的生活方式。过度进食或酗酒，浪费时间与金钱都无法实现真正的自律。

自律首先要做到在面对问题时都能够自行做出决定并采取相应的行动，不被他人影响或随波逐流。

例如，在20世纪后半叶，昭和时代的日本上班族家庭，丈夫通常能够做到经济独立，但在工作中却往往过度关注企业政策以及领导和同事的意见，在面对问题时无法自行做出判断并采取行动（当然，工作场所不同，也有可能会存在差异，有一些组织会在一定程度上将决定权交由员工本人），因此，有些人会用"企业奴隶"等可怕的词汇来形容这种没有自主权的上班族。

虽然很难说丈夫在家里的生活能够做到独立自主，但他们通常也会配合妻子的生活方式，帮忙做饭、整理衣物、打扫卫生和管理时间。

妻子们往往都能够合理地安排全家人的日常生活，

在家庭环境中呈现出了独立且自律的女性形象，但她们在经济上不能自给自足，与金钱有关的重大决定通常要征求丈夫的意见。曾经有一位家庭主妇说就连大学扩展课程的学费（3个月约花费12000日元）都需要在得到丈夫允许之后才能支付，我对此倍感惊讶。

很多家庭主妇都说，丈夫的工资可以体面地用于家庭和孩子的开支，但不能用于自己，虽然身为"贤内助"，但自己名下没有银行账户，即便有意离婚，但因为自己没有独立生活的能力，自然只能默默地忍受。

进入21世纪后，在崭新的令和时代，这样的夫妻关系越来越少。原因是多方面的，例如，企业没有能力在员工退休后依然给予他们支持，女性现在也外出工作，并且有能力做到独立。无论男女，独立和自律均已成为我们生活中不可或缺的必备能力。

　　新冠肺炎疫情席卷全球，全世界开始进入远程办公模式，而自律对于远程办公来说至关重要。身处职场，即便自己不主动工作，工作也会接踵而至。工作中，领导会下发指示，我们也难免会和同事沟通交流。但是居家办公基本上完全取决于个人，我们必须自行决定工作时间，并且付诸行动。脱离了传统的职场环境，我们可以在自己喜欢的时间以自己喜欢的方式工作，但同时也必须通过自己的努力拿出工作成效。如果要做到不走过场、不打折扣，把实际工作成效当作最重要的指标，那便需要我们拥有超强的自律力。

　　最近，允许员工做副业的企业数量有所增加。但是，做副业的必要前提是坚定地做好自己的主业。如果主业和副业的会议时间发生冲突，应该如何处理？这种情况下，我们不能选择通过带薪休假的方式来变相逃避，而是需要自行判断二者的重要性，并且明确地做出优先选择。很明显，如果我们把自己的副业放在首位，而忽视主业，便会遭到"劝退"。我从当公务员时开始便一直在坚持写书，当时就有人告诉我"如果你想做自己喜欢做的事情，就不要在本职工作上'偷工减料'"。

新冠肺炎疫情期间涌现出大量的在线学习课程，采取线上教学模式的大学与研究生院也日益增多，但是通过在线学习的方式坚持到最后并且获得学分，需要强大的意志力做支撑。在线学习的模式不受时间与空间的限制，能够随时随地开展学习，这便会导致人们失去紧迫感，从而放纵自我。如果已经决定要做，我们就必须拒绝朋友与家人的邀请等，通过减少其他不必要的时间消耗，来确保自己有足够的时间开展在线学习。

长期的稳定工作通常会要求人们在受限的时间与空间内工作，不存在个体差异，但是如果我们享有更大的自主权，便会出现努力工作或疏忽对待等态度上的差异，从而拉开个人之间的差距。疫情期间，居家办公也正是一个考验和培养我们自律力的绝好机会，我们不妨抓住时机，练就保持专注、高度自律的良好习惯，提升自我管理水平与抗变能力。

求助他人
也是一种能力

....

在成长的过程中，努力让自己能够解决问题是很重要的，成
为成年人意味着有能力和态度为自己需要做的事情负责到底，
这就要满足两个基本条件——经济独立与精神独立。

日本人从小就被反复教导"不得给他人添麻烦"，而生活也总是无时无刻不在提醒我们不要给他人造成困扰，例如，大声喧哗会打扰他人，走路的速度不同于他人会对路人造成影响，在教室里向老师提问会让其他同学感到厌烦，等等。为什么日本人能够保持高度的自觉性呢？这有可能源于江户时代政策中以连带责任制和相互监视为基础的"五人组制度"，当时，农民会按村落编为五人组，他们彼此之间既是共同承担税赋任务的连带者，也履行监督缴纳税赋义务的责任。哪怕只有其中一人违反了规则，五人组的其他成员也都会因为连带责任而受到惩罚。另外，农村地区的田间劳动也必须与他人合作完成。

即使人们的工作场所现在已经逐渐从农村转移到了工厂和办公室，任何人也不得通过扰乱集体行动的方式给他人带来麻烦。如果某人的工作失误引发了前所未闻的恶性事件，品牌形象也会随之受到损害，包括总裁在内的企业高层将不得不向公众道歉。不仅在职场上，在学校亦是如此，即使是由学生引发的会对学校声誉造成损害的某些不良事件，学校在作为受害者的同时，也要对整个事件承担起相应的责任。在新冠肺炎疫情期间，如果在大学校园内发生大规模感染（集群感染），便会给整个社会带来麻烦，校方也会因此而受到抨击，所以，所有学校的教职员工都一直处于紧张状态。

当然，在还是孩子的时候，我们往往会围绕某一项活动反复练习，不断让自己变得更加强大，这样才能真正实现"自己的事情自己做"。如果一个孩子在面对困难时只是一味地认为"自己做不到"，并且立即选择放弃或向父母、老师寻求帮助，那这个孩子今后可能也将一事无成。如果我们永远跻身于他人的保护伞下，便无法成为真正独立的成年人。在成长的过程中，努力让自己能够解决问题是很重要的，成为成年人意味着有能力和态度为自己需要做的事情负责到底，这就要满足两个基本条件——经济独立与精神独立。一直依赖他人，将永远无法获得独立。只有自己独立强大，才能获得足够的安全感。

然而在日本，很多人都有一种根深蒂固的观念，那便是"不得打扰他人"，在现实生活中，绝不允许自己给别人带来不便。因此，即使自己遇到尽力而为也无法解决的问题，也不会寻求帮助，而是选择自己解决。这也反映了一个现实问题，即很多人都认为"我会尽量不打扰他人，所以，我也讨厌被别人打扰"。有些人主张自己的权利，声称自家旁边幼儿园孩子的声音为自己带来了困扰，并且高呼口号，要求他们不要再打扰自己的生活。但仍然有很多人在"不得打扰他人"的传统观念的影响下，认为即使自己求助于他人，也依然会遭到拒绝，因此，他们已不再习惯甚至从不向别人求助，这样的人在生活陷入绝望时往往会走极端，生活丝毫看不见希望。

拒绝他人打扰自己的人往往会有这样的心理活动，"生活中，我尽量做到不打扰他人，但是他却丝毫不做出努力，就这么轻易地给周围人带来麻烦"。每个人都不希望被别人打扰（我也不想被人打扰），所以，无论自己面对怎样的烦恼，也都无法向他人寻求帮助，这也将导致自己被孤立。

每个人都不是完美的，所以，给人带来麻烦也在所难免。其实，我们有时完全不必大肆宣扬自己所坚持的原则或主张，面对他人为自己造成的些许不便，如果我们可以在共情能力的驱使下温柔以待，告诉他们"生活就是这样，即使你尽力了，结果也有可能不尽如人意""谁都有困难的时候，互相帮助是应该的"，也许我们的生活也可以在彼此给予的温暖中变得更加快乐、幸福。

即使在新冠肺炎疫情期间，也广泛存在对感染者家属给予抨击的现象。有些遵守规章制度并响应国家号召的人对那些仍在大规模营业的餐厅和商店等表示厌恶，甚至加以抨击，称他们不克制自己的行为是无法让人接受的，这些人现在通常会被称为"自律警察"。从心理学角度出发，这些"自律警察"可以忍受外界为自己造成的任何不便，并且遵守规则，所以，他们无法原谅任何不遵守规则的人或行为。在全国人民防疫的关键时期，戴口罩、不聚会都是为了避免交叉感染，做好自身的保护措施尤为重要，不过还是有人屡劝不止，甚至还有人故意隐瞒实情，与其说是害怕没有佩戴口罩的人感染他人，不如说那些未佩戴口罩的人是因为不遵守规则才成为众矢之的。

如果每个人都不给他人添麻烦，世界会怎样？生活看似和谐，但社会上也会滋生"人人为自己"的不良风气，无论人们面对怎样的烦恼，都会被社会抛弃。

去理解和分担他人的忧虑和悲伤

人类的悲欢不相通，更多的是无余力相通以及无能力相通。众生皆苦，每个人都有自己的痛苦，我希望人们之间能够更多地给予彼此理解，分担各自的忧虑和悲伤。

在漫长的历史长河中，人类往往会在面对饥饿、瘟疫以及灾难时给予彼此帮助，所以，我们才能够幸存下来，并且繁衍至今。

话虽如此，有人可能会争辩道，正如英国哲学家托马斯·霍布斯所说，人类并不是一种完美的造物，因为欲望的存在，人与人的自然状态是非常紧张的，可以说，人类历史就是"所有人对所有人的战争"。的确，人们以前只有在彼此熟悉的家庭与部落等群体中才会相互帮助，同时也会与其他群体、部落或国家之间展开战斗，即便如此，我们也依然要学会在家庭、社区以及团体中彼此支撑与扶持，福利和养老金也是国家内部互相给予帮助的一种机制。现在，我们不仅要在日本国内展开多方合作，还要在应对全球环境问题和世界范围内普遍存在的新冠肺炎疫情方面进行合作。

然而，似乎有这样一种声音，他们认为，即使突然以造福全人类为目的的全力应对所有人类共同面对的威胁，也会因为缺乏现实感而让人难以理解。

与其着眼于全人类，倒不如先面对自己身边人的烦恼和痛苦，摒弃以往"与我无关"的态度，站在对方的立场上给予共情，迈出坚实的第一步，然后，再想想自己能够做些什么来给予对方帮助。商业学者野中郁次郎表示，知识创造基于同理心，这种"同理心"不仅是心态问题，也是商业创新的催化剂。人们在试图解决他人感觉不便和困扰的问题时所产生的同理心，也将创造并且衍生出新的商业机遇，而以获取经济利益为唯一目的的商业行为将不会取得成功。

如果有人感染了新冠肺炎病毒，我们应该尽己所能地给予对方关怀，例如，我们可以说一些能够让对方感受到温暖的话语，或者在对方提出具体请求时给予力所能及的协助。即使不是传染病，我们也会同情身患癌症或疑难杂症的人；即便我们不能提供具体的帮助，也可以猜测出他们所面临的艰难处境并给予他们同情。

　　一个人是否能够分担他人的忧虑和悲伤，不仅取决于这个人是否天生具备这样的秉性，同时也受其成长环境和生活经历的影响。生活顺风顺水，没有遭遇过失败或不幸的人，往往不能体会到他人的忧虑。经历过磨难、遭遇过嘲笑或歧视的人似乎更能够对他人的痛苦产生共鸣。当然也有一些过着幸福生活的人可以体谅他人的烦恼并能够向他人伸出自己的援手。另一方面，也有一些人一直在生活中苦命挣扎，他们的心也已随之越发僵硬，这些人往往认为，自己已经遭遇了各种各样的磨难，所以，其他人也应当艰难前行。人与人之间存在个体差异，但我仍然希望经历过磨难的人都可以同情他人的困难处境，分担彼此的忧虑和悲伤。如果我们能够时刻抱有同情心，那些痛苦的过往也都将得到尘封。经历过困境和悲伤的人深知即使努力也不一定成功。与他人相比，他们将更加能够意识到人类的局限性，并且因此而具有更高程度的同理心。从某种角度来说，这便是差异性赋予他们的优势。人类的悲欢不相通，更多的是无余力相通以及无能力相通。众生皆苦，每个人都有自己的痛苦，我希望人们之间能够更多地给予彼此理解，分担各自的忧虑和悲伤。

不给别人添麻烦并不意味着我们必须处处都与他人保持行动一致，可能我们无法根除与竞争对手之间相互排挤等现象，但是却一定要教导后代，我们生而为人，如果对力量薄弱或不得不在他人帮助之下维持生计的人施加欺凌，那将是一生中最卑微、可耻的一种行为，而且有必要向年轻人传达帮助他人会让自己收获快乐的观念。

每个人都可以
做七件好事

如果我们静下心来，想想自己在没有金钱或权力的支撑下能够给予外界怎样的贡献，便一定会意识到即使我们的力量微小，也依然可以奉献很多。

很多人想具备施助能力，却认为自己没有钱、没有地位、没有权力，也没有知识可以传授给他人。但实际上，即使没有财力和智慧，这些人也可以做七件好事。

七件好事包括：给予别人善意的眼光；微笑处事；对别人说赞美和安慰的话；通过行动帮助他人；敞开心扉，待人诚恳；乘坐公共交通工具时，为老弱妇孺让座；在下暴雨时，让淋雨的行人到家中避雨，遇到天灾人祸时，让无家可归的人在家中留宿。

尤其是前三件事，在日常生活中，只要自己愿意去做，任何人都能够做到，现实中肯定也有很多人都有过接受他人帮助的愉快体验。

第一件事是给予别人善意的眼光。当对方用柔和、善意以及慈祥的眼光看待我们时，我们的心会被温暖。即使是卧床不起和身体残疾的老年人也可以做到这一点，他们可以向为自己提供护理服务的人给予善意的眼光，以感谢对方的关心与照料。反之，就算什么都不说，当他人用愤恨的眼光看待我们时，我们的心也会随之凝结。第二件事是微笑处事，平时我们通过观察面部表情就可以知道对方是否抱有好意，如果对方能够和颜悦色地对待我们，我们自己也会感到心安，当我们靠近一个心情不好并且总是生气的人时，自己也会感到沮丧。在这种情况下，我们往往会很担心自己是否做过一些令人反感的事情，或者说过一些让别人听起来不舒服的话，因此，自己微笑处事也能感染身边人。第三件事是为对方着想，说赞美和安慰的话。一句宽心体贴的话，有时候比什么都管用，比什么都能打动人心。反之，就算我们口中尽是豪言壮语，如果只是肤浅表面的虚情假意，也依然会遭到他人的排斥，因为客套的赞美和阿谀奉承无法达成彼此的心灵沟通。

从第四件事开始，难度可能会略有增加。第四件事是通过力所能及的行动给予他人照顾，这在平时的社会服务活动或志愿服务活动中能够很好地体现出来。同事遇到麻烦，我们要力所能及地在工作上给予帮助；自己的配偶因过度劳累而疲倦不堪时，我们也要给予对方无私的关怀，例如照顾对方的饮食等。第五件事是敞开心扉，待人诚恳，也可以理解为"同情"，即把别人的痛苦当成自己的痛苦，视别人的快乐为自己的快乐。有人和我们一起共享快乐时，愉悦的感受便会加倍，有人和我们一起分担悲伤时，痛苦就会减半。第六件事是要在乘坐公共交通工具期间让座给需要的人，这种通过谦让

实现的帮助也可以延伸到将自己已经达到的地位或位置
让给他人。无论何种方式，这件事的实现都非常艰难，
但我相信，如果我们可以做到，便一定会得到他人的感
激。第七件事是我们不仅要为旅行者提供住宿，还要照
顾无依无靠的人、无家可归者以及困难的人。做这件事
就更加困难了，尽管如此，还是有一些人会将年迈的亲
戚接到自己身边或以养父母的身份抚养别人的孩子。

分享金钱和物品不是为了别人，而是为了我们自己
能够获得安心和快乐，因此我们不应该贪婪地吞噬金钱
或物品且只用于自己。分享是快乐的前提，如果我们
善于分享，便可能得到更多的金钱与物品，同时也会
丰富我们的内心。但如果我们只是一味地争夺，便会
产生冲突，互相折磨。通过给予，我们反而能够得到
更多。

如果我们静下心来，想想自己在没有金钱或权力的支撑下能够给予外界怎样的贡献，便一定会意识到即使我们的力量微小，也依然可以奉献很多。

第七章

每一刻的快乐，都来自你自己

从未知中获得乐趣

幸福生活的关键之一是养成在日常生活中寻找并品味乐趣的习惯，另一个关键则是意识到自己的成长，承认现在的自己比以前更好。

如何从日常生活中获得幸福？幸福生活的关键之一是养成在日常生活中寻找并品味乐趣的习惯，另一个关键则是意识到自己的成长，承认现在的自己比以前更好。

我有过很多不同的经历，甚至阅览群书，但自己从未涉及过的领域仍然很多，仍需要不断努力。

从功能手机到智能手机，还有电脑上从未使用过的应用软件，对于我们来说，每天出现在面前的这些新功能、新设备，当然也是一种全新的体验。1980年前后，我在美国留学的时候，国际电话的通话费用还十分昂贵，而且每周只有一次可以享受打折扣的机会，所以，我只会选择在星期六12点的折扣时间给远在日本的亲友打电话。反观现在，我可以使用Skype或LINE与居住在比利时的女儿一家免费视频通话，我只能感谢先进的科学技术为我们的生活带来了如此大的便利。当FAX出现时，我便感触颇深，并且印象深刻，但现在我们已经可以通过电子邮件的方式实现即时沟通，随着时代的进步，操作电脑已经成为人类生存必须掌握的知识和技能之一。

另一方面，有关宇宙起源、地球历史、生命起源、人类历史以及日本史前时代的新发现、新学说陆续出现，那些所谓的未解谜团也随之得到了阐释。人类对于知识的认知具有很大的局限性，但过程中总伴随着人类充满钦佩之情的无尽感叹，而历史人物在我们心中的形象也经常因为新知识的获取而有所改变。

前几天，我也因为新冠肺炎疫情而难得有一些空闲时间，我阅读了有关奥斯曼帝国、拜占庭帝国等的历史，毫不隐瞒地说，我之前只是模糊地了解这些历史，通过这次阅读，我才弥补了自己历史知识的空缺，对于那些自己不曾了解的历史，发出了发自心底的感叹。

这些历史知识对我目前的工作没有帮助，也不足以让我成为能够自己撰写论文的历史学家，更不会作为引用案例出现在我自己的著作当中。目前看来，这些知识对我来说是无用的，完全不必要且不紧急的，但阅读本身却纯粹而富有乐趣。

不仅是知识的获取，当我们偶尔通过自己认识很久却从未深入沟通的熟人，得知其以不同方式呈现出的与自己相同的经历，以及对方通过个人经历总结出的别具洞察力的言论时，这些也总是让我们印象深刻。我年轻的时候，与女儿之间缺乏沟通，现在，每当我们深入交谈，总会有一些前所未有的感触，甚至第一次知道原来她小时候曾有过这样那样的想法。

我本人很喜欢前往自己曾经居住过的波士顿和布里斯班旅行，喜欢在充满怀旧气息的地方与朋友们促膝交谈，但去自己从未到访的城市旅行也同样让我兴奋。我很高兴能够通过沙特阿拉伯、萨哈共和国等地的游历经历与乘坐和平之船的体验，让自己有机会踏入非常识世界中肆意遨游。地球上还有很多我未曾到过的地方，所以，我也会保持自己对于知识的敬仰，对未知领域的渴望与敬畏，尽己所能地去探索世界并对此充满期待。

正如我之前所说，这些知识可能对我们的工作或生活并没有直接用处。

有时我们会在与某人的交谈过程中因为知识的匮乏而导致沟通陷入尴尬的处境，但如果我们可以不断地拓展自己的知识面，便可让对方刮目相看，而自己也会成为大家眼中经验丰富而睿智的存在，此外，我们也可以通过了解某个国家的历史来丰富自己的思想。在我年轻的时候，曾一直在组织底层忙于日常工作，额外的知识对当时的我来说，一点用处都没有，但是当我的职位略有上调，经常需要出席演讲与社交场合时，这些看似对自己毫无帮助的知识有时也会派上大用场。

人类的思想往往会通过知识的积累而得到丰富，只要拥有强大的知识基础，在面对新冠肺炎疫情这样计划外的突发事件时，我们才可以自然地联想到中世纪的欧洲人是如何应对瘟疫的，即使自己身处困境，我们也不会陷入恐慌，反而会同情他人。回顾自己的过往，我发现自己并没有充分利用通过各种人生经验获取的思想和知识来为工作和社会创造价值，对此，我在此次疫情期间也进行了深刻的反思。这种充满遗憾的人生经历难免让我感到孤独，但换个角度来看，我很庆幸自己拥有写作这样一个对自己的本职工作没有任何用处的副业，也很感激在这样一个特殊的社会背景下有机会撰写本书。

去完成一件
原本力所不能及的事

即使身为成年人，人们也希望自己能够有很多新的挑战，但却经常会以自己缺乏天赋为由轻言放弃，这实在令人感到遗憾。

能够做到自己曾经力所不能及的事情将是一次有趣和快乐的经历，例如，单杠倒挂、骑没有辅助轮的自行车、做咖喱饭、和外国人交谈等。

小时候，我们总能够无忧无虑地度过每一天。作为成年人，因为突破自我而感受到喜悦的机会将会越来越少。即使身为成年人，人们也希望自己能够有很多新的挑战，但却经常会以自己缺乏天赋为由轻言放弃，这实在令人感到遗憾。即使我们老了，也依然可以通过训练做很多事情，例如学习语言与计算机技能。除此之外，甚至连性格和才能也都可以通过日积月累的练习得到改变。很多人都会将表达能力作为与生俱来的一种天赋而放弃培养，但这似乎也受到了社会环境的影响。心理内科医生海原纯子表示，好心态是非常重要的，心态好了，我们的语言表达能力自然会提高一个层次。

据说80%以上的日本人都认为自己难以表达内心真正的想法。尤其是女性，或许是因为从小就被要求学会冷静，"有女人味"，并且要与周遭保持良好的关系，维护和睦美满的生活环境，所以，很多人都擅长日常聊天，但却不会拒绝或表达自己的意见。不知何时，不发表意见、忍耐、客气和谦让已经成为女性是否具备美德的重要判断标准。如果长时间推崇所谓的美德，这自然会变成一种生活习惯，女性也不会再去考虑自己想做什么，想过什么样的生活，而只是一味地克制自己。结果，许多女性都选择不再表达自己的意见，在生活中失去了自我。如果我们不能坦率地表达自己的意见，逃避现实，或者养成找借口、推卸责任的习惯，便无法与他人建立信任关系。有的女性甚至过于压抑自己的感情，最终引起身体的各种不适。

我们在生活中应该思考和设计怎样向周围人传达自己的观念，而不是一味地忍受。"自信"并非天生的，而是通过日常训练获得的技能，海原纯子也通过在线授课的方式面向成年女性开办了有关自信的课程。

惯于采取果断行动的人更容易成功，为了做到这一点，我们应该善于分辨具体情况，整理好自己的情绪，学会在适当的时机以正确的方法表达自己的观点。对于一些特定的技能，有必要深入理解并且加以练习，例如，怎样在不扰乱他人情绪的情况下，合适且清晰地表达自己的情绪和感受。

首先，不得过度在意外界的言论，不必将他人的言论视作经过考量而得出的无法改变的最终结论。如果我们能够提供多种选项并且将选择权交由对方，或许反而会令他人感到困惑。例如，有人连续几日邀请您参加午间聚餐，但您已经另有安排。这种情况下，您不能只是单纯地回复对方"我不能参加"，相反，应该说明自己的时间安排并尝试与对方做出沟通，然后便会有更多的选择呈现在彼此面前，要达成这种效果，就需要我们更加随意地看待对方所表达的言论，而不是执拗地认为对方像安排硬性任务一样，强烈要求自己在某一时间内完成某一行动。日常生活中，我们要尝试有意识地练习表达自己的见解，例如，"我明白了，原来还能这样。但是，你觉得这种方法怎么样"。当领导要求你去做一项紧急工作时，可以尝试这样进行表达，"现在，我正在做另一项工作，明天必须完成。您那件事着急吗？我看看应该优先做哪一个"，还有一些研习机构会专门教学员学习如何处理此类情况。

其次，尽量避免使用消极词汇，学会在谈话中使用积极向上的表达方式。我们不能从一开始就明确表达出"我不……"或者"我不喜欢……"，而是换一种表达方法，例如，"是的，但是，为什么不试着……""我明白了，但也有意见称……"这也相当于是英语中的Yes，but…（你说得很对，可是……）的用法。

再次，即便有意拒绝或希望进一步沟通，也要先向对方表示感谢，然后再说明情况。回到上面的案例当中，在拒绝邀请时，我们首先要礼貌地向对方解释，因为自己事先有约，所以不能参加。在面对新的工作安排时，我们也要明确说明自己正处于某项工作的收尾阶段，难以同时处理多项任务。

总之，我们不能省略沟通的程序，在不表达自我主张的情况下选择自己默默忍受，也不能因为害怕自己的拒绝行为会导致对方情绪受损而接受一切。但是，我们需要通过练习才能自然地做到这一点，那便是自信心的训练。

通过训练，如果我们拒绝了令自己不快的邀请或者获得了工作的宽限期，便会因为自己的成功突破而感到高兴。

事实上，在很长一段时期内，我更喜欢沉浸在自己的世界中独自埋头写作，而不擅长在公共场合发表言论。即便如此，我还是抓住了在公众面前发表言论的一个个机会，所以，我在一次又一次失败的过程中逐渐地习惯了这样的生活，从而取得了进步。时至今日，我仍然不擅长口头表达，但是回过头来看，我并不认为自己做得有多糟糕。

如果我们能够不再否定自己，或一味地认为自己不能再向新事物发起挑战，不会再取得进步，那么，一旦自己掌握了一项新的技能或完成了原本力所不能及的事情，那将会是一次令人感觉欣喜的美好体验。

有些事情，
经历后才会理解

只有有了一些人生经历，我们才会在后来的某一时刻，突然理解了曾经怎么也想不明白的事，同时也会对别人的苦乐有一些了解。

如果您现在是一名大学生，并且成功地解答了一个自己在高中阶段的考试中未能成功作答的题目，您可能会想"原来如此，我果然变得更聪明了"。大概是因为我们的综合能力得到了提升，所以如果我们试图解答一个自己在三四年前未能成功作答的数学题目，可能很容易就能解出，以至于自己都不知道为什么会出现这样的情况。

　　除了学习任务之外，人们在一段时间后重新面对之前的各种问题时，可能都会有恍然大悟的感觉。假设将某项目失败的原因归咎于没有与某位难以取悦的高管事先疏通，一段时间后，人们也可能会有新的发现，导致之前的判断遭到颠覆。即使为时已晚,我们也不能单纯地将恍然大悟等同于无济于事,反而应该因为谜团得到破解而感到欣喜,并且将其用作今后工作与生活的参考。

此外,有些事情只有在我们自己亲身经历之后才能理解。单身的时候,我并不是很喜欢小孩,但是我的妈妈却很喜欢孩子。当我真正成年并且有了自己的孩子之后,虽然生活中遇到了很多麻烦,但我也体会并理解了孩子的可爱之处。同时,我也更加深刻地体会到了父母对于我的付出。虽然生活充满艰辛,但他们从未抱怨,仍然给予我全部的爱。我曾以为自己已经通过阅读文学作品的方式体会到了父母与孩子之间的亲子感情,但实际上,有些事情只有自己经历过才能真正体会,有些感情只有自己体验过才会真正明白。

十几岁时,我们度过了没有任何生活与社会经验的少年时期，20多岁时，我们因就业、婚姻、生育、育儿度过了充实且忙碌的生活，到了30多岁，我们终于到了自己所谓的"正当年"，回头看看自己的人生经历，便不难发现，随着年龄的增长，我们能够真正理解的事物也在不断地增加。只有有了一些人生经历，我们才会在后来的某一时刻，突然理解了曾经怎么也想不明白的事，同时也会对别人的苦乐有一些了解。我们的生活可能不如预期，甚至还会几度陷入困境，虽然这不是好事，但也不全是坏事。

即使我们所拥有的财富与富人相比微不足道，但也足够满足自己的基本生活与社交活动。那些担心自己能不能好好长大的女儿们，都成了职业母亲，过着自己的生活。这样的人生价值与成功，不能用收入和地位来衡量，即便生活再不精彩，也要继续下去，在这一过程中，积累的重要性显而易见。读到这里，您是否已经对生活有了更深层次的看法？

　　小时候，我曾祈祷自己不要经历失恋与降级调职等痛苦的经历，害怕自己因为软弱而无法承受这样的逆境，但我真的经历过并且成功地挺了过来。当我真的做到的时候，我意识到自己拥有意想不到的力量，这些人生经历让我受益良多，有成长的快乐，有丰收的喜悦，让我对未来的工作充满信心，也更加坚定了自己的选择。

　　不管我们成长到人生的哪一阶段，都时常会有"我第一次知道……""我明白了……""原来如此……"等想法，感觉自己比年轻时聪明了很多。可惜尽管我们年纪越来越大，越来越聪明，却很少有机会去充分地发挥自己的才智，这不能单靠个人来解决，还需要社会制度的完善。我希望年轻人能够充分发掘似乎在自己成为老年人后才会拥有的智慧，我也会告诫自己必须时刻抱有"人不知而不愠"的态度。

善于发现
周围人的闪光点

人是多面的，我们往往很容易只通过自己接触到的一面来做出整体判断，但我们也一定要发现周围人的长处，并且向他们表达出由衷的钦佩之情。

随着年龄的增长，我们可能会发现朋友与周围人的优势，这也是深入理解旧事物的另一个体现。当然，我们有时还会发现自己尊重与钦佩的人的短处和弱点，但即使我们发现了这些弱点，对自己来说，也并不有趣，甚至还会引起对方的厌恶。弱点是显而易见的，但如果我们不主动去寻找，往往会忽略他人的优势。如果我们尽量不关注于朋友的弱点，并且有意识地发现他们的长处，自己会很快乐，同时这种快乐也会传递给别人。

我们身边的每个人身上也都可能会有不为人知的闪光点，例如，有人每周会现场演奏一次爵士钢琴，有人每年都会在书法展上得奖，有人会匿名撰写小说，等等。我们不能怀疑对方是否会因为额外的事情而影响本职工作，也不能通过业余活动这样的词汇来变相贬低对方的长处，反而应该由衷地给予他们赞扬与钦佩。

有些人从来不抱怨，所以，我们无从得知他们真实的生活状态，但是，实际上我们身边有些人的孩子患有严重的残疾，有些人的妻子时常痛心忧虑，有些人一直坚持在家里照顾自己患病的父母，等等。我敢肯定，如果每个人都将自己面临的困难说出来与他人分享，数量将极其巨大，但人们往往都会轻松并淡然地予以面对。如果我们身边有人以自己所不具备的力量努力地工作、生活并且背负着难以想象的负担，那一定会让我们印象深刻，而我们也应该真诚地表达自己的那一份感动。我们周围有很多这样的"无名伟人"，即使他们并不出名，我们也应该将他们尽力而为的姿态作为鼓励自己积极面对生活的一剂强心针。

在日常工作中，年轻的同事可能会提出意想不到的新颖想法，而质朴的同事可能会提出富有洞察力的见解。人是多面的，我们往往很容易只通过自己接触到的一面来做出整体判断，但我们也一定要发现周围人的长处，并且向他们表达出由衷的钦佩之情。

在我所就职的大学里，学生和毕业生也会通过自己的努力取得成功，我很高兴自己熟识的人和周围的人都有各自的长处。希望我们每一个人都能够给予身边人最大的支持，并且将他们的优点毫无保留地传达给其他人。

学会为他人的成功
而欢欣鼓舞

一个与自己没有直接关系的人获取成功之后，人们通常会欣然面对。但当自己的同学、同事这些身边的人成功时，人们却久久不能平静。如果无法在自己与他人之间划清界限并控制自己内心的欲望，我们的内心就无法获得真正的安宁。

为他人的成功而欢欣鼓舞是我们常人难以跨越的一道门槛，就像成语"幸灾乐祸"与"嫉贤妒能"等所描绘的那样，人是一种善于与他人比较的高级动物，如果我们不能有效地控制自己的情绪且任其发展，嫉妒的心理便会无限扩大。如果自己身边人的收入高、生活富裕，人们往往感到自卑和嫉妒。即使自己再努力也很难得到认可，但当同事获得提拔时，人们的内心便难免掀起波澜。当朋友因为孩子成功考取竞争激烈的名校而喜出望外时，人们往往会立即联想到自己家中那个同龄的孩子。每个人都有很多类似的经历。一个与自己没有直接关系的人获取成功之后，人们通常会欣然面对。但当自己的同学、同事这些身边的人成功时，人们却久久不能平静。如果无法在自己与他人之间划清界限并控制自己内心的欲望，我们的内心就无法获得真正的安宁。

针对这一普遍现象，我们要学会从中吸取教训，在这里，我将提出一些实用的建议。

即便无法发自内心地感到欣喜，也要通过语言和面部表情做好表面工作，时常将"太好了""恭喜你""我也为你感到高兴"等话挂在嘴边，养成向他人表达祝贺的习惯。当我们对朋友和熟人的成功发表积极正面的言论时，除了自己感觉心情很好之外，对方也会感到开心。如果发现自己将他人的成功拿来与自身做对比，我们就需要安慰自己，告诉自己已经尽力了，从根源上遏制嫉妒心理的爆发。我们需要诚实地发表感想，但一定要在行为准则的引导下做到适时与适度，如果不加修饰地表达自己的感情并发表评论，那只能表明我们自己是一个度量小、不成熟的人，这将降低自己的价值，甚至莫名其妙地陷入自我厌恶。

第八章

安顿自己，才能懂得生活的意义

珍惜当下所拥有的 "自我"

即使自己做不到才华横溢，没有傲人的美貌，无法就读体面的学校，也要无条件地接受自己，人不是因为漂亮、成绩好、经济实力雄厚才富有价值。不管有多么不喜欢，也不能讨厌、蔑视、侮辱当下的状态。

我曾呼吁昭和女子大学的学生拥有"七种能力",其中,"珍惜自己的能力"通常会被放在首位,那么,珍惜自己的能力是什么意思呢?

生而为人,大家都认为自己是最重要的,有人提出,现在的很多年轻人以自我为中心、自私自利,为什么还要嘱咐他们珍惜自己?我也经常因此而遭到反驳,甚至批判。

但是,在我看来,不仅仅是昭和女子大学,许多年轻学生似乎都对自己不够好,没有照顾好自己。

有的学生会根据自己以往的学习成绩妄下评论,认为自己并不是天资聪慧的人，无法就职一份体面的工作，因此，他们选择不努力学习，甚至放弃考取一些门槛相对较低的职称。即使有各种志愿者和项目招募，他们也会一早选择放弃，从来不会积极主动地参加。

有的学生会介意自己微胖的身材，认为自己外形不佳并因此而充满自卑感，甚至不再注意服装与仪容，或者选择一些不适合自己的衣服。尽管生来健康，但还是有人一味地选择减肥，尝试吸烟和喝酒。有的学生会拿自己通过第三或第四志愿进入的高中、大学的事开玩笑，认为"自己的学校水平低，没有好老师，交不到好朋友，从这样的学校毕业没有任何意义"，就此放弃眼前的机会、混沌度日；还会有人因为自己就职的企业与行业排名低、工资低、没有好老板而每天抱怨，甚至消极怠工，无法做到全身心地投入工作。

看到现在年轻人的生活状态，我感到十分遗憾，他们应该更好地照顾自己并珍惜当下，不浪费现在可以利用的每一个机会。更加令人失望的是有些女性（男性）即使时常面临背叛与嘲笑，有时甚至是暴力，也依然会选择与一个并不真正爱自己或关心自己的人交往。她们对自己没有信心，深信自己和对方分开后将无法生存。我想对这些人说，请珍惜自己，即使和那个不在乎自己的人分手，您也能够很好地生活下去。

在我看来，"珍惜自己"并不意味着随心所欲地生活，只做自己想做的事或显摆卖弄自己的品味。例如，天生的面容、身高、身形等很难改变，但我们要从中找到自己独特的魅力并将其发挥到极致。与过去不同，当今是一个不崇尚典型美，并且尊重个性的时代。由我担任评委的国际小姐比赛的获胜者大多来自印度尼西亚、菲律宾等亚洲国家和非洲一些国家，而不是来自欧洲国家一些金发碧眼的女性。"美人"的定义是多元化的，例如，肤色略暗但目光明亮、身高略矮但训练有素且肌肉线条优美等，能够充分彰显自身优点的女性往往都应得到高度的赞赏。

能力的种类也多种多样，直到高中，成绩的衡量主要取决于学生的记忆力和回答既定题目的能力，但其他能力通常无法得到展现，例如，发现问题的能力和精确的逻辑结构能力等，共情能力、领导能力、表达能力、百折不挠的精神也不会反映在学习成绩当中，但这些才是一个人真正步入社会之后所必需的重要能力。

的确，成绩优异的学生似乎有更大的选择空间，但学习成绩不佳的人也能够在适合的岗位上展现自己的能力。即使成绩不尽如人意，我也希望所有人都能够保持健康良好的心理状态，保护自己的自尊。

即使自己做不到才华横溢，没有傲人的美貌，无法就读体面的学校，也要无条件地接受自己，人不是因为漂亮、成绩好、经济实力雄厚才富有价值。不管有多么不喜欢，也不能讨厌、蔑视、侮辱当下的状态，任何人都必须接受真实的自我。即使否认自己，我们的面容、身材、智商等都不能再发生改变，所以，我们要充分利用当下自己所拥有的这个"自我"。

有的孩子一直在学习，成绩却不理想，偏差值也相对偏低，但是，每个人都会有一些自己擅长的方面（绘画能力不错，厨艺很好，在时尚方面有品位，幽默感十足，等等），即便可爱之处微不足道，也依然要抓住自己的长处，充满自信地告诉身边的人"这就是我"。被爱是孩子们最需要的礼物，作为父母和老师，最重要的作用便是走近并温暖孩子，发现他们身上的长处，赋予他们勇气、力量和信心，用行动帮助孩子，开启他们新的生活。

　　我自己也是小眼睛、圆脸，长得并不漂亮，但妈妈却总是夸赞我，称"喜欢你的笑容""你笑起来很可爱"，因此，我一直都很自信，人来人往亦以笑脸迎人。

　　无论如何，都不要因为自己不能改变的事情去做无谓的担心。在一个自己有能力做出改变的领域，哪怕是一点点的努力，都是"珍惜自己"的一种体现。

　　无论做什么，我们都很容易认为自己没有天赋或不会收获好运，但如果我们对自己不好，便不会再有人认真地对待我们，因此，我们首先要照顾好自己，珍惜自己。

自省，
是一种了不起的能力

随着年龄的增长，"自我"会发生变化，我们逐渐可以做到自己之前做不到的事情，也可以理解原本不理解的东西。然而，如果我们妄下定论，坚定地认为"自己就是这样的人"，对于我们自己来说，那将遗憾至极，甚至是一种耻辱。

很多人都很满足于现在的舒适生活，一些人会坚持"我就是这样的人"，而另一些人正在重新审视"自己的生活方式存在什么样的问题"。

然而，实际上我们每一个人都无法真正地做到"自我"认知，有时我们的朋友和家人会指出我们身上与自我认知完全不同的优点和缺点。正如我在第七章中所写的那样，随着年龄的增长，"自我"会发生变化，我们逐渐可以做到自己之前做不到的事情，也可以理解原本不理解的东西。然而，如果我们妄下定论，坚定地认为"自己就是这样的人"，对于我们自己来说，那将遗憾至极，甚至是一种耻辱。

现在，请您尝试写出自己的优点和缺点。

在大多数情况下，很多人都会更加关注自己的缺点，因此，我们能够在自己身上发现的缺点普遍多于优点。

但是，我们每一个人身上应该都还会有一些优点，您可以向自己身边那位充满热情而温暖的朋友询问自己拥有何种优势。

当我年轻的时候，我也只关注自己的弱点，但随着年龄的增长，自己的意识也发生了一些变化。现在，我依然还有很多事情做不到，很多事情不如别人，但是和年轻的时候相比，我已经不再那么在意自己的弱点了，这种变化产生的原因主要有以下三个方面。

首先，我逐渐明确了自己的能力与擅长的领域。有很多事情我都做不到，但有一些事情我可以做。我不是很会说话,但写作却不会令我感到痛苦。通过大量的写作,有时我也可以写出高质量的作品。虽然我并未掌握大量与实务相关的专业知识,但对我来说,那些看似无用的历史和文学知识却可以信手拈来。我不擅长清洁,但我知道我可以在短时间内快速烹饪食物。努力消除自己的缺点是痛苦的过程,也并不一定有效,但努力发展自己擅长的领域却十分有趣,并且很容易实现。所以,它不会让我们感觉到任何痛苦。通过提炼和发展自己擅长的领域,我们也就不会过度担心自己的弱点和不擅长的事情了。

其次,有时间担心,不如立刻采取行动。根据我的经验,无论是在工作中还是日常生活中,即使我们总是因为自己不能做到的事情而感到担心,甚至苦恼,也不会改变任何事情。事实证明,不只是我自己,每个人都有劣势,甚至缺点(从客观的角度来看,这并不是什么大不了的事),并且会在不知不觉中被自己的缺点所困扰。如果有时间担心，还不如立刻采取行动，做出尝试。确定自己做不到之后，再去寻求帮助。我总会安慰自己，即使不能做到完美，也一定有办法应对，所以，我也就不会担心了。

最后，缺点和弱点也有积极的一面。如果自己犯过很多错误，我们就会宽容别人的错误；如果改变看法，缺点和弱点也将成为优势，甚至是宝贵的经验。事实证明，缺点不一定只有负面作用。如果换个角度看，缺点也将成为我们独有的特征，例如，做事笨拙意味着不易生气或产生嫉妒心理，体重超重会将健康放在首位。我们不仅要反省并尝试改正缺点，还要在缺点中找到积极的一面并以此安慰自己。

自我认知又可理解为剖析自我、认识自我，在此过程中，我们可以挖掘自己的长处和短处，并在此基础上进一步对优势加以延伸，从而达到超越自我的最终目标。

尽力而为，
过好每一天

人生不长，我们要把握好每一天的生活，把自己能做和应该做的事情一件一件地做下去。生活再忙再累，都别忘了心疼自己，照顾好自己，不放弃自己，努力成长并做一个好人。

经历灾难幸存的人往往都活得很累，他们认为，善人多磨难，好人不长命，不明白亲人死去自己活着还有什么意义。

没有这种特殊经历的我们，可能不会去花时间思考生命的意义，但仔细想来，其实是各种巧合造就了我们和这个世界。

时至今日，仍然有很多人死于交通事故、疾病，也有些人死于不合理的罪行，例如，2019年的京都动画纵火案，死于新冠肺炎和癌症等疾病的人。我们有时会形容一个人幸运或不幸，而我们生存在这个世界上，并且在没有任何疾病或意外的前提下活到今天，其实就是一个特别幸运的巧合。正是因为生活中的各种巧合，我们才有幸来到这个世界上，所以，我们每个人都需要去热爱和珍惜我们的生命与生活。

在这里，我不得不再次强调，我们的出生完全要归功于生活中的偶然和幸运。原本并不相识的男男女女在茫茫人海中偶然相遇，其中有两个人因为命运相互结合，他们有了自己的后代，各自成为父亲与母亲，直到后代长大成人，继而有了新的生命延续。在历史的长河中，个人的生命虽然短暂，但正是一代又一代的个体生命实现了人类生命的接续。在生命的接续中，我们总能为自己的生命找到一个位置，担当一份使命。

反观生命的延续，我深刻地感受到一个生命的诞生是何等的不可思议。人类的出生与生命的延续均不取决于个人意志，但我们却十分幸运地生存了下来。我们有幸存活于世，凭借的不仅是自己坚强的意志，在我们身后，还有一股巨大力量的支持，但我们一定会在某一时刻因为某种情况死去。我们的最低责任是不愧对自己来之不易的生命，努力让自己的生活过得精彩。即使我们不能在新冠肺炎疫情期间做自己想做的事，即使事情没有按照计划进行，也不应该放弃。

生活是否进展顺利在一定程度上取决于运气，自己的努力可能并不总会产生好的结果，我们必须接受这个严酷的事实。但这并不意味着我们要放弃行动，而是学会看淡周遭的一切，顺其自然。即使不知道结果如何，我们也要学会在当下尽力而为，珍惜自己被赋予的生命。不要因为自己不喜欢而断言生活没有意义，而是要在不知道会发生什么的情况下做好准备，过好每一天。

无论我们如何努力，也有可能得到不到任何人的认可。人们普遍认为好的事情也许与我们的志向并不相同，即使自己抱有好意，换来的可能不是感激，而是怨恨，但我们仍然要做好自己认为对的事情。

即使我们可以运用自己的技能与智慧来取得成功，但也并不总是奏效。因此，我们应该尽最大的努力在既定环境中说服自己。例如，我在辞掉公务员工作后因为某种机缘巧合而加入了昭和女子大学。我当时并不是因为自己志愿从事大学教育工作而主动应聘，一切只是巧合。那时我并没有因为自己完全不了解且没有大学教育领域的工作经验，而认为自己无法从事这一行业，甚至放弃，反而选择在不断的摸索当中逐渐积累经验至今。即使最初几年付出了极大的努力，我也没有收获任何重大成果，但我并没有放弃努力，通过10年左右的积累，昭和女子大学的学生得到了外界给予的积极评价，不仅就业率明显增高，志愿报考昭和女子大学的人数也大幅增长，再创历史新高。

不仅仅是我，很多人可能都会出人意料地得到一份新工作。我们任何一个人都应该尽己所能，不能单纯地认为自己不想得到这样的职位，或这不是自己想要的工作。

即使自己的孩子没有我们所期望的个性与能力，身为父母，也应该尽己所能地给予他们无私的爱，这就是生活的意义。

人生不长，我们要把握好每天的生活，把自己能做和应该做的事情一件一件地做下去。生活再忙再累，都别忘了心疼自己，照顾好自己，不放弃自己，努力成长并做一个好人。

时间能创造一切，也能泯灭一切，因此，我们应该珍惜当下，创造幸福的生活，改善社会环境。

每个人都可以拥有幸福，但持续不断的幸福才是真正的幸福，这便需要我们好好生活，只有这样，才能创造一个让自己和周围的人都能够感受到幸福与快乐的良性循环。

后·记

2020 年，新冠肺炎疫情在全球广泛传播，构成全球大流行疾病。

疫情的暴发再次揭示了现在这个被称为"VUCA"时代的世界前途莫测，任何人都不知道接下来会发生什么，为此，我们在生活中必须做好准备。不仅是这次疫情，在人类没有任何防备的情况下，自然灾害或事故也有可能向我们发起突然袭击，例如东日本大地震。

生活中总会有一些意料之外的事情发生，任何人都可能会陷入无法控制的状况。战争开始时，许多 20 多岁的年轻人都会在军队服役，并且不得不前往战场。即使在现在，当学生们从高中或大学毕业时，就业情况也往往会取决于经济形势。一些女性已从《男女雇用机会均等法》与护理、育儿假法中受益，但有些人却因为没有赶上相关法律条例的颁布，而未能在就职或生育的过程中获得相应的权利。

但是，每当意外事件发生，即使我们一味地感叹自己"遭受损失"或"遭遇不幸"，幸运似乎依然不会降临，我们也无法得到任何收获。幸运与不幸都是生活中不可或缺的组成部分，无论幸运或是不幸，我们都必须在既定的外部环境中生存，这便是我们幸福生活的根基所在。

我们应该尽可能地不再对过去的厄运与自己的错误感到后悔，也不再担心或害怕未知的未来，珍惜过去与未来中间不可替代的现在，做自己能做的事情，在当下尽力而为。人生不仅有事事顺利后收获的成功，也有路途坎坷后遭遇的失败，我们要从中发现好的部分并积累为经验，不要烦恼，不要退缩，享受生活，创造幸福。如果我们不能构筑幸福的生活，就没有任何权利享受幸福。

  本书是我向昭和女子大学的学生发出在新冠肺炎疫情防控中珍惜"现在"的倡议后创作的，不只是此次疫情，我们任何人都不知道生活中会发生什么。新冠肺炎疫情是一个让人非常痛苦和意外的事件，但这同时也是一个机会，让我们再次意识到现在只能珍惜当下，做好自己能做的事。

  如果本书能够在大家思考未来幸福生活方式的过程中给予些许帮助，那将是我最大的荣幸。

坂东真理子

2021 年 4 月